AF825343

HEINZ-HERBERT COHRS

ABBRUCHMASCHINEN

© 2008

Verlag Podszun-Motorbücher GmbH
Elisabethstraße 23-25, D-59929 Brilon
Herstellung Druckhaus Cramer, Greven
Internet: www.podszun-verlag.de
Email: info@podszun-verlag.de
ISBN 978-3-86133-492-7

Titelfoto Rückseite: Leo Helmschrott
Für die Richtigkeit von Informationen und Daten kann keine Gewähr oder Haftung übernommen werden. Es ist nicht gestattet, Abbildungen oder Texte dieses Buches zu scannen, in PCs oder auf CDs zu speichern oder im Internet zu veröffentlichen.

HEINZ-HERBERT COHRS

ABBRUCHMASCHINEN

PODSZUN

EINLEITUNG

OHNE ABBRUCH GÄBE ES KEIN BAUEN

„Zerstört,
daß ihr bauen könnt !“

Lajos Kassák (Dadaist, 1887-1967)

„Erst wenn wir auch die Ruinen zerstören, haben wir alles zerstört.
Aber dazu gibt es nur eine Möglichkeit:
schöne, ordentliche Bauten daraus machen“

Drama „König Ubu“ (1896) von Alfred Jarry

Seit jeher ist das Bauen urwesentlich mit dem Abbrechen, mit dem Zerstören und dem Kaputtmachen verbunden. Dort, wo Menschen irgendwann einmal stolz ein Bauwerk errichteten, entsteht – wie es der Lauf der Geschichte unzählige Male beweist – meist später ein neuer Bau, der besser den veränderten Anforderungen und Bedürfnissen nachfolgender Generationen entspricht.

Doch damit das neue Bauwerk entstehen kann, muß zunächst das alte zerstört werden: Hier gilt ein unumstößliches Naturgesetz: Altes muß Neuem weichen. Somit gehört das Abbrechen unzertrennlich zum Bauen. Und daher ist es nicht verwunderlich, wenn die Maschinen, die zum Bauen konstruiert wurden, auch zum Abbrechen genutzt werden.

Aber diese Verbindung allein würde nicht genügen, um Baumaschinen wirksam bei Abbrucharbeiten einzusetzen. Doch leicht finden sich weitere Parallelen: Ob beim Abbruch oder Erd- und Tiefbau, hier wie dort durchbrechen Baumaschinen mit ihren Werkzeugen harte und feste Materialien. Dabei ist es der Maschine ziemlich gleichgültig, was sie bricht: Erdreich, harte Tonschichten, Fels – oder eben Mauern, Beton, Gebäudedecken.

Abbrucharbeiten gewinnen stark an Bedeutung – und damit die dazu erforderlichen Baumaschinen. Wir leben in einer zunehmend dichter bebauten Welt. Dadurch stehen immer öfter ältere, nicht mehr benötigte Bauwerke

Abbruchmaschinen wie dieser je nach Ausrüstung etwa 120 t wiegende Liebherr R 974 B VH HD strahlen eine seltsame Faszination aus. Der Long-Front-Bagger arbeitet mit 41 m Reichhöhe bequem in 33 oder gar 37 m Höhe, zum Beispiel mit einem 2,5 t schweren Betonknacker. Wichtig ist bei derartigen Arbeitshöhen der ausreichende Sicherheitsabstand zur „Abbruchfront“

Bei Abbrucharbeiten werden oft zahlreiche Baumaschinen auf engstem Raum eingesetzt, diese Caterpillar-Baggerflotte zum Beispiel dicht am bröselnden Gebäude. Das verlangt hohe Aufmerksamkeit und großes Können der Maschinenführer; Erfahrungen und „ein gutes Gefühl" sind unverzichtbare Voraussetzungen für sicheres Arbeiten und schnellen Projektverlauf

Oben: Wo gehobelt wird, fallen Späne, wo aber abgebrochen wird, fällt weitaus mehr: Trümmer, Staub, Träger, massive Betonbrocken und große Mauerwerksstücke „regnen" herunter. Davor müssen Mensch und Maschine sicher und wirksam geschützt werden, Auslegerstiel und Ausrüstung müssen's jedoch aushalten

Links: Moderne Abbruchtechnik und riesige Betonzangen faszinieren Jung und Alt. Oft säumen Zuschauermassen bei Abbrucharbeiten den Bauzaun. So manches Mal witzeln die Abbrucharbeiter dann über einen attraktiven Nebenverdienst, indem ohne weiteres Eintrittsgelder genommen werden könnten …

Die Abbruchbranche ist heute zu einem äußerst wichtigen Bereich der Baumaschinentechnik geworden. Oft werden etliche Maschinen für nur ein Projekt konzentriert, in diesem Fall Bagger von Hitachi, Komatsu und Kato mit unterschiedlichen Abbruchausrüstungen

im Weg, die umweltgerecht, sauber und schnellstmöglich zu beseitigen sind.

In Anbetracht der im noch jungen 21. Jahrhundert weltweit zu erwartenden Abbruchaufgaben befinden wir uns erst in der Anfangsphase spezialisierter Abbruchausrüstungen. Baumaschinen und Bagger gibt es seit mehr als 150 Jahren, jedoch erst seit 30 oder höchstens 40 Jahren spezielle Abbruchwerkzeuge für Bagger – sie stecken gewissermaßen noch in den Kinderschuhen.

Abgesehen von den massiven Abbruchbirnen für Seilbagger, ist diese Sparte der Baumaschinentechnik also Neuland mit großem Wachstumspotential. Denn der erschütterungsfreie Abbruch wird zunehmend wichtiger, besonders im innerstädtischen Bereich. Die empfindliche Elektronik in unseren Stadtzentren verbietet nicht nur Sprengungen, sondern wird zukünftig auch den umfangreichen Hammereinsatz erschweren. Kraftvoll zubeißende Baggerflotten können hier wahre Wunder vollbringen.

Baumaschinen sind bei Abbrucharbeiten wahrlich extremen Belastungen ausgesetzt, die die alltäglichen Beanspruchungen im Erd- und Tiefbau oft bei weitem übersteigen. Dieser Volvo EC360C steht zum Beispiel auf grobem Bauschutt, der unter Wasser nicht erkennbar ist, und knackt eine fast meterdicke Betonmauer

Wer beim Abbruch schweres Gerät bedient, muß ein waches Auge haben. Die Bagger stehen oft dicht nebeneinander, so daß sogar unvorsichtiges Schwenken den Nachbarbagger gefährden kann, Lkw rücken an und rangieren hinter den Baggern, und über all dem „schweben" Gebäudereste, die in wenigen Augenblicken mit großer Gewalt in die Tiefe stürzen können

Viel Know-How zur Einsatztechnik und Projektlogistik ist gefragt, um Baumaschinen bei verschiedenen Abbruchprojekten optimal zu kombinieren und arbeiten zu lassen. Hier zerkleinert ein Zeppelin-Mobilbagger mit dem Hydraulikhammer Material, das ein Cat-Radlader abfördert

Häufig werden Maschinen in Teams kombiniert, zum Beispiel bei diesem Krankenhausabbruch ein Volvo-Long-Front-Bagger EC360B mit Universalzange und ein Volvo-Bagger mit drehbarem Sortiergreifer, der den herabfallenden Schutt recyclinggerecht sortiert

Die Maschinenarmada, die zum Feierabend fein säuberlich aufgestellt wird, ist bei manchen Abbruchprojekten größer als bei vielen Erd- und Tiefbaueinsätzen. Beim Abbruch der Industriebrache Keulahütte in Lüneburg waren 125 000 m^3 umbauter Raum zu beseitigen, dabei fielen 38 000 t Bauschutt an

RÜCKBAU ODER ABBRUCH?

Vor einigen Jahren kursierte ein Witz in der Branche: „Kennen Sie den schon? Mit Baggern kann man sogar Geld verdienen, wenn sie rückwärts arbeiten." – „Wie denn das?" – „Ganz einfach: Beim Rückbau ... !" – Ganz so leicht ist das jedoch in der harten Realität leider nicht, denn Bagger wurden von ihren Konstrukteuren zwar zum Bauen geschaffen, weniger aber zum „Rückbauen". Das gute, alte Wort „Abbruch" ist hier schon trefflicher, denn es weist darauf hin, daß hierbei so manches zu Bruch geht – bei mangelnder Eignung kann dies durchaus auch ein Bagger sein.

Zunehmend häufiger wird anstelle von Abriß oder Abbruch vom Rückbau gesprochen. Besonders beliebt ist die Phrase „selektiver Rückbau". Das soll ausdrücken, daß Gebäude nicht mehr wahllos wie früher mit Seilbagger und Abbruchbirne zerstört werden, sondern gezielt, eben „selektiv" abgetragen werden. Erst die speziellen Abbruchwerkzeuge an Hydraulikbaggern mit hoch reichenden Long-Front-Auslegern ermöglichten es, Gebäude und Bauwerke selektiv zu zerlegen und die Materialien vorsortiert dem Recycling zuzuführen.

Der Deutsche Abbruchverband e.V. definiert im Fachbuch „Abbrucharbeiten" den Begriff Abbruch so: „Beseitigung von technischen und/oder baulichen Anlagen oder deren Teilen, teilweise oder vollständig, konventionell oder selektiv", wobei dann noch zwischen konventionellem und selektivem Abbruch, zwischen Teil- und Totalabbruch unterschieden wird.

Der Begriff Rückbau wird hingegen folgendermaßen definiert: „Maßnahme zum teilweisen oder vollständigen Abbruch mit zumindest zeitweisem Erhalten der angrenzenden Bausubstanz unter besonderer Berücksichtigung der weiteren Objekt- und Flächennutzung für eine Neu- oder Umgestaltung, überwiegend durch Abbrucharbeiten in Umkehrung des Bauvorganges".

Aha – der Bauvorgang wird umgekehrt: Glasscheiben werden sauber herausgetrennt, Dachpfannen einzeln abgenommen, Beton wird wieder verflüssigt, davor (oder danach) finden sich auch wieder Verschalungen ein. Nein, so ist das wohl doch nicht zu verstehen.

■ So würde echter „Rückbau" aussehen:
Donald Duck zeigt in der von Carl Barls erdachten und gezeichneten Geschichte „Der große Zerstörer" aus dem Jahre 1962, wie ein Gebäude, in diesem Fall eine Schule in Entenhausen, fachgerecht zerlegt wird. Die Teile liegen gar nicht erst für das Recyling bereit, sondern gelangen feinstens sortiert direkt zur Wiederverwendung. Doch noch können wir von einem solchen „Rückbau" nur träumen ...

(Mit freundlicher Genehmigung des Ehapa Egmont Verlages, Köln und Berlin)

Wir erfahren in dem Fachbuch mehr über den „Rückbau“: „Der Begriff wird grundsätzlich als Maßnahme und nicht als ein Abbruchverfahren betrachtet. Eine Kombination mit ‚erläuternden‘ Bezeichnungen wie ‚intelligenter‘, ‚behutsamer‘, ‚geordneter‘, ‚kontrollierter‘ Rückbau ist zu vermeiden, da eine gegenteilige Durchführung nicht möglich oder unzulässig ist. Der Begriff ‚segmentweiser Rückbau‘ ist durch den Begriff ‚Demontage‘ zu ersetzen.“

Das gibt Anlaß zum Staunen: Oft lesen wir vom „kontrollierten Rückbau“ oder vom „geordneten Rückbau“, also Begriffe, die im Deutschen Abbruchverband e.V. eigentlich vermieden werden sollen. Doch das Wort „Rückbau“ wird gerne und häufig gewählt, weil „Abbrechen“ und „Abreißen“ negative Assoziationen beinhalten können. Im Hinterkopf könnte das nach Zerstörung, nach Kaputtmachen klingen. Dagegen ist das Bauen eine geregelte, ordentliche Beschäftigung, und der „Rückbau“ soll das auch veranschaulichen.

Dennoch ist der Begriff „Rückbau“ irreführend und eigentlich sogar falsch: Bauen ist eine schöpferische, kreative Beschäftigung, die nach oben und in die Fläche gerichtet ist. Bauwerke wachsen mit zunehmendem Baufortschritt, sie sind nach dem Beenden der Bauarbeiten fertiggestellt. Was aber ist Rückbau? Negatives Bauen … ?

Wie kann Bauen nach hinten gerichtet sein, rückwärts verlaufen? Darf man die Silbe „rück“ wie bei „Rückschritt“ oder „Rückwärtsfahrt“ verwenden? Im Vergleich zu „Abreißen“ oder „Abbrechen“ klingt „Rückbau“ unglücklich, etwas gesucht.

Und tatsächlich scheuen sich sogar viele Fachleute der Branche unbewußt vor dem eigenartigen Wort. Zwar wird allerorten von „Rückbau des Hochhauses“, „Rückbau der Etagen“ oder „Rückbaumaßnahmen“ gesprochen und geschrieben, doch weder Hersteller noch Abbruchunternehmen nennen ihre Maschinen „Rückbaubagger“.

Alle namhaften Hersteller sprechen weiterhin von „Abbruchbaggern“, von „Abbruchausrüstungen“, und die wenigsten Betreiber nennen ihre Firmen „Rückbauunternehmen“. Auch hier wird am vertrauten Begriff „Abbruchunternehmen“ festgehalten.

Sprechen wir also in diesem Buch mit gutem Gewissen von Abbruchbaggern, Abbrucharbeiten und Abbruchmaschinen. Und brechen wir damit mutig eine Lanze für die vertrauten Begriffe „Abbruch“ und „Abriß“. Denn rückwärts bauen können Bagger auch heute noch nicht, wohl aber äußerst effektiv Mauern abbrechen und Träger abreißen.

ABBRUCHMASCHINEN VON MINI BIS MAXI

Abbruchmaschinen – das sind Baumaschinen mit speziellen Ausrüstungen, mit gewissen Modifikationen gegen die Widrigkeiten des Kaputtmachens, mit besonderer Technik für das möglichst effektive und schnelle Zerstören. Dennoch handelt es sich bei allen Abbruchmaschinen um herkömmliche Baumaschinen, die jedoch ihrem Einsatzumfeld so gut wie möglich angepaßt werden.

Eigentlich eignen sich nahezu alle Baumaschinen für Abbrucharbeiten. Die namhaften Hersteller richten sich mit breiten Paletten von Sonderausstattungen und Zubehör darauf ein. Jedoch sind einige Baumaschinen nur

Nicht nur die Kombination der Baumaschinen, sondern auch der Abbruchwerkzeuge erfordert viel Geschick: Ein Liebherr R 954 B V-HDW mit Long-Front-Ausleger und 2,3-t-Schrottschere sowie ein 120 t schwerer Liebherr R 984 C HD (rechts) mit 5,2-m³-Löffel und 10,2-t-Schere beim Hallenabbruch auf der Westfalenhütte

Oft bereitet sogar die Positionierung der Abbruchmaschinen allerlei Probleme. So wurde dieser kompakte Brokk-Abbruchroboter sicherheitshalber mittels Seilen von einem Kran gehalten und vom Bediener, auf einer separaten Hubbühne stehend, ferngesteuert

Gruselig geht's manchmal zu, mutig müssen die Fahrer sein – trotz aller Sicherheitsmaßnahmen. Dieser Demag-Bagger (aus italienischer Benati-Produktion) zertrümmerte mit seinem Krupp-Hammer die Betondecke der Brücke, auf der er selbst stand – nur die Längsträger verblieben vorerst

Bei einigen Abbruchprojekten können die Maschinen nur auf Umwegen zu ihrem Einsatzort gelangen. Nicht selten muß dann eigens ein großer Autokran anrücken, um Baumaschinen wie diesen Bobcat-Kompaktbagger mit kleinem Abbruchgreifer auf Gebäude oder Dächer zu heben

Bei Einsätzen in großen Höhen zeigen nach wie vor Seilbagger, was in ihnen steckt, und übertrumpfen Hydraulikbagger mit Long-Front-Ausleger. Für den Abbruch des riesigen Industriegeländes der Sächsischen Olefinwerke bei Leipzig wurde ein Sennebogen 660 R-LC mit bis zu 110 t Gesamtgewicht und Auslegerlängen bis 52 m ausgerüstet

Eine Fernbedienung des Long-Front-Baggers, hier bei einem schweren Komatsu PC750 SE mit seitlichen Abstützungen an den Raupenfahrwerken, bietet dem Baggerführer nicht nur jederzeit einen optimalen Beobachtungsort, sondern ermöglicht das komfortable Bedienen in sicherer Entfernung

selten beim Abbruch zu finden. Dazu zählen beispielsweise Turmdrehkrane, Muldenkipper und Planierraupen. Grader und Scraper werden so gut wie gar nicht für Abbrucharbeiten eingesetzt, Baggerlader und Mobilbagger nur bei kleineren Projekten. Besonders gut bewährten sich Hydraulik- und Seilbagger auf Raupen, aber auch Radlader, Laderaupen und diverse Kleinmaschinen wie Minibagger, Kompaktlader und Raupendumper.

Das wahrhaft klassische Abbruchgerät ist der Seilbagger, ausgestattet mit Abbruchbirne, Kranhaken, Zwei- oder Mehrschalengreifer und manchmal auch mit angehängtem Hubarbeitskorb. Doch gerade hier kam es in den letzten Jahrzehnten zu drastischen Veränderungen: Für übliche Abbrucharbeiten werden kaum noch Seilbagger verwendet, sie wurden von Hydraulikbaggern mit überlangen Auslegern ersetzt.

Raupen-Hydraulikbagger mit Gewichten zwischen etwa 30 und 100 t dürfen heute getrost als die Standard-Abbruchmaschinen bezeichnet werden. Der normale Ausleger mit Tieflöffel reicht zwar für viele Abbruchaufgaben aus, doch gelangen in den letzten Jahren mehr und mehr spezielle Abbruchbagger mit überlangen Auslegern, sogenannten Long-Front-Auslegern, zum Einsatz.

Um Höhe zu gewinnen, können Bagger mit konventionellem Ausleger auf ihren robusten Raupenfahrwerken angehäuften Bauschutt erklimmen. Anschließend wird der Bauschutt mit dem Tieflöffel in Recyclinganlagen, Container oder Lkw geladen. Für Hydraulikbagger ist die breiteste Palette an Abbruchausrüstungen erhältlich, mit denen eine Baumaschine allen denkbaren Aufgaben individuell anzupassen ist.

Radlader übernehmen häufig die Verladung des Bauschuttes oder die

Long-Front-Bagger machen mit ihren Reichhöhen und -weiten den Seilbaggern inzwischen das Leben schwer; hier ein 68 t schwerer R 954 B V und ein 120 t schwerer R 974 B VH-HD von Liebherr für 27 und 37 m Höhe, beide mit verstellbarem Unterwagen, beim Abbruch eines Kaufhauses in Berlin

Beschickung von Recyclinganlagen, da sie die für solche Aufgaben unbedingt erforderliche Mobilität aufweisen. Allerdings sind ihre Reifen verwundbar, weshalb sich bei einigen Einsätzen Reifenschutzketten empfehlen. Außerdem reichen die Vortriebskräfte oft nicht aus, um im grobstückigen Abbruchmaterial die Schaufel zufriedenstellend füllen zu können. Die beim Radschlupf auf grobstückigem, scharfkantigem Untergrund hart belasteten, ungeschützten Reifen verschleißen übermäßig schnell.

Deshalb wurden noch vor wenigen Jahren auch gerne Laderaupen beim Verladen von Abbruchmaterial eingesetzt. Ihre Ketten erbringen hohe Vorschubkräfte und gestatten auch das zügige Befahren steiler und grobstückiger Bauschuttberge. Mit gegenläufigen Ketten drehen Laderaupen auch mal auf der Stelle, wichtig bei beengten Abbruchbaustellen in Innenstädten. Laderaupen widerstehen den extrem harten Betriebsbedingungen beim Abbruch oft besser als Radlader. Außerdem bieten sie die Möglichkeit, mit einem am Heck montierten Aufreißer Bodenflächen oder gar Fundamentplatten zu lockern oder zu lösen.

Früher ausschließlich der Handarbeit vorbehalten, werden heute auch kleine, zumeist im Gebäudeinnern durchzuführende Abbrucharbeiten mechanisiert. Wenn Gebäude förmlich von innen heraus abgebrochen werden, spricht der Fachmann von Entkernungen. Dazu eignen sich natürlich nur Mini- oder höchstens Kompaktmaschinen.

Häufig eingesetzt werden hierzu antriebsgesteuerte Kompaktlader (auch wie in ihrer amerikanischen Heimat „Skid-Steer-Lader“ genannt) und Minibagger auf Gummiraupen, die durch Kellereingänge und Innentüren passen und die zulässigen Deckenlasten nicht bis in den Grenzbereich beanspruchen. Für solche Abbruchminis sind ebenfalls zahlreiche spezielle Abbruchausrüstungen lieferbar, beispielsweise kleine Hydraulikhämmer, Spezialschaufeln und -löffel sowie auch kleine und vergleichsweise recht leichte Betonknacker und sogar schwenkbare Stahl- und Schrottscheren.

Der Bauschutt wurde früher oft mit Schiebkarren in Schuttcontainer befördert. Effektiver und schneller arbeiten dort Mini-Raupendumper. Sie gelten als die idealen Transportpartner für Minibagger und Kompaktlader, fahren dank Gummiraupen schonend über Fußböden und Gebäudedecken oder Rasenflächen, passen durch Türen und können den Bauschutt mittels kleiner Rampen direkt in bereitstehende Container abschütten.

Oben: Auch wenn auf spektakuläre Weise gesprengt wird, sind Baumaschinen unverzichtbar: Jemand muß schließlich die Trümmer forträumen, in diesem Fall eine Flotte von Cat-Maschinen einen Berg von 6000 t Schutt, der vom 200-m-Schlot übrigblieb, dem ehemals höchsten Gebäude Thüringens

Links: Das ist Abbruch der wüstesten Art: Gesprengt werden können nicht nur hohe Schornsteine, Gebäude und Brücken, sondern auch Maschinen wie dieser betagte Schreitbagger W 600 von Rapier, dessen gewaltiger Ausleger 1993 in einem englischen Kohletagebau nahe Wakefield einfach abgesprengt wurde

Im Gegensatz zum Sprengen oder dem infernalischen Zertrümmern mit der Abbruchkugel am Seilbagger entwickelten sich Hydraulikbagger wie der 38 t schwere Volvo EC360B LC, hier mit Wechselausleger (Long-Front- oder Monoblockausleger) beim Brückenabbruch, dank ihrer präzisen und gezielten Vorgehensweise zu Standardmaschinen für Abbruchvorhaben aller Art

Vielseitigkeit durch Spezialausleger: Der HBM Nobas UB30 LCV-MP bietet dank seines schnell umrüstbaren MP-Auslegers im 360-Grad-Bereich volle 20 m Reichhöhe und in 10 m Höhe noch 14,7 m Reichweite, erreicht aber auch im Tief- und Böschungsbau 15,6 m Grabtiefe

Keine Sorge, Goliath möchte David nichts tun, sondern nur die Dimensionen des Abbruchwerkzeuges veranschaulichen. So vielseitig wird dieser Komatsu PC750 LC-7 mit Tieflöffel, normalem Ausleger, 40 m hohem Kocurek-Long-Front-Ausleger, kombinierter Muri-Stahl-Beton-Schere und Muri-Crusher in der Schweiz eingesetzt

Fotos: Matthias Josef Kraus

BRÜCKEN BRECHEN IM AKKORDTEMPO

Besonders spektakulär ist oft der Abbruch von Brücken, die über Autobahnen oder stark befahrene Straßen führen. Denn anders als bei üblichen Abbrucharbeiten muß hier alles so schnell wie irgend möglich passieren, um den Verkehrsfluß nicht übermäßig zu behindern. Und anders als bei Eisenbahnbrücken sind derartige Brücken besonders breit, was zwangsläufig zu sehr großen Materialmengen führt, die sowohl zerstört als auch sofort fortgeschafft werden müssen.

Ein solcher Brückenabbruch war für den Ausbau der Bundesstraße B 207 (E 47) zwischen Oldenburg in Holstein und Heiligenhafen an der Ostseeküste zu einem weiteren Teilstück der Autobahn A 1 erforderlich. Die A 1, breiter als die Bundesstraße, wird zukünftig bis zur Insel Fehmarn führen und damit für eine bessere Verkehrsanbindung des Fährhafens Puttgarden nach Dänemark und ganz Skandinavien führen.

Wie nicht selten bei Brückenabbrüchen, sollen wichtige Verkehrsadern für nur wenige Stunden unterbrochen werden. Das bedeutet für den Projektverlauf, daß der eigentliche Abbruch und das Forträumen der Schuttmassen innerhalb nur einer arbeitsintensiven Nacht geschehen sein muß. Und dies wiederum ist nicht anders zu realisieren als mit einer Vielzahl von Baumaschinen.

Nicht anders war es bei dem norddeutschen Brückenabbruch. Damit der Verkehr von und nach Skandinavien schon am frühen Morgen wieder rollen konnte, rückte eine ganze Armada von Hydraulikbaggern und Radladern an. Und die hinterließ deutliche Spuren, denn am nächsten Morgen klaffte im alten Straßenverlauf eine riesige Lücke: Die alte Brücke war spurlos verschwunden, wie bei einem nächtlichen Spuk.

Pünktlich um 22 Uhr setzte die „kontrollierte Zerstörungswut" ein. Nach der Vollsperrung der wichtigen Verbindung zum Fährhafen Puttgarden und nach Skandinavien rückten die Bagger wie eine Armee nächtlicher Ungeheuer auf breiter Front gegen die Brücke vor

Unmittelbar nach der Straßensperrung hatte zuvor ein fleißiger Volvo-Radlader bereitliegende Sandmassen in dicken Lagen verteilt, damit der Asphalt weder von den Raupenketten der Bagger noch von den herabstürzenden Betonmassen und Stahlträgern beschädigt werden konnte

Seltsam und irgendwie unheimlich wirkt es, wenn sich mehrere Baggerarme mit ihren zerstörerischen Werkzeugen unaufhaltsam durch den Brückenbeton vorwärts fressen. Immer tiefer nagten sich die Bagger in die Brücke

Viele Übermüdete wird es am nächsten Tag gegeben haben. Die dicht benachbarte neue Brücke bot ausgezeichnete Sicht auf den faszinierenden Akt der Zerstörung. Wie in einem abstrakten Tanz hängen und zappeln die Betonbrocken in den sich windenden Armierungen

Steter Hydraulikhammer höhlt die Brücke – der Dauerangriff der Baggerflotte zeigte seine Wirkungen. In ununterbrochener Folge fielen die Betonbrocken, die Brücke wurde schmaler und schmaler und schrumpfte zu einem eigentümlichen Betonstreifen

Mitte: Krieg oder ein schauriger Kampf von Filmmonstern? Weder noch, nur moderne Technik beim bis ins Detail geplanten Kaputtmachen. Dicke Betonbrocken hängen in den Armierungen, Staub hüllt das Geschehen gespenstisch ein. Und nur das Geländer „hält die Brücke noch zusammen"

Unten links: Die Brücke ist gebrochen! Nun konnten auch von der Mitte aus Bagger loslegen, mit Hammer und Zange Beton knacken und die Schuttmassen auf unentwegt nachrückende Lkw verladen. Übrigens recht lautstark, aber an Schlaf war sowieso nicht zu denken

Unten rechts: Restarbeiten am folgenden Morgen: Ein Komatsu-Bagger – in etwas unbequemer Hanglage und eingezwängt zwischen eingerammten Doppel-T-Trägern – zerbröselte die letzten Reste eines der beiden Brückenlager. Und bald schon wuchs Gras drüber …

MIT DEM RICHTIGEN WERKZEUG KLAPPT'S

Abbrucharbeiten kommt in der Städte- und Industrieplanung, der Architektur (hinsichtlich benachbarter und möglicherweise störender Bauten) und in der Baubranche eine zunehmend wichtigere Bedeutung zu. Viele überalterte Industrieanlagen, Brücken und Gebäudekomplexe sind abzureißen, in Großstädten soll alte Bebauung aus den fünfziger und sechziger Jahren modernen Gebäuden, Bürotürmen und Shopping-Passagen weichen. In unserer schnell alternden Zivilisation sind Häuser, alte Fabriken und Kraftwerke abzureißen, da der zur Verfügung stehende Raum knapper wird und besser genutzt werden soll.

Die Abbruchvorhaben unterscheiden sich oft ganz erheblich voneinander. Für Abbruchunternehmen ist daher heute eine möglichst optimale Einsatzanpassung der Abbruchmaschinen und -werkzeuge von entscheidender Wichtigkeit, um im Abbruchgeschehen wettbewerbsfähig zu bleiben. Nicht nur in Deutschland, sondern in allen Industrienationen werden in rasanter Folge von verschiedensten Baumaschinenherstellern und Spezialfirmen Abbruchwerkzeuge entwickelt, meist für Bagger aller Art.

Besonderes Augenmerk wird auf innovative Ausrüstungen gerichtet, mit denen die zunehmend strenger werdenden Umweltschutzauflagen hinsichtlich Lärm, Vibrationen, Staub, Schadstoffen und, ebenfalls ein wichtiger Punkt, bezüglich der Arbeitssicherheit leichter einzuhalten sind. Besonders die Umweltschutzauflagen, mit denen manche Abbruchfirmen noch vor einigen Jahren ziemlich überraschend erst mitten im Abbruchgeschehen konfrontiert wurden, stellten die Abbruchmannschaft vor schwer zu lösende Probleme. Terminverzug war dann unvermeidlich.

Große Bedeutung kommt einem weiteren Punkt zu: Die Abbruchmaschinen und -ausrüstungen sollen immer effektiver, immer schneller und präziser arbeiten. Deshalb wachsen sowohl die Basisgeräte als auch deren Werkzeuge, erreichen immer neue Rekordgewichte und Rekordhöhen. Denn eines steht schon jetzt fest: Der Weg in die Zukunft ist nur mit dem mannigfaltigen Abbrechen alter Strukturen zu schaffen …

Oben: Groß und mächtig wirkt ein rund 115 t wiegender Liebherr R 974 B mit 41 m hohem Long-Front-Ausleger gegen einen Raupenbagger üblicher Größe, einen Liebherr R 942 …

Foto: Matthias Josef Kraus

Rechts: … und klein wirkt derselbe Liebherr R 974 B dagegen, wenn er mitten im Abbruchgeschehen vor einer riesigen Gebäudefront steht wie hier beim Abbruch eines Hochregallagers im französischen Huningen

Foto: Matthias Josef Kraus

Bei einigen Einsätzen ist nicht unbedingt Größe, sondern Winzigkeit wichtig: Ein ferngesteuerter Brokk-Abbruchroboter, mit hochgestellten Abstützungen durch Türen passend und hier mit Tieflöffel als Bagger arbeitend, belädt einen Hinowa-Raupendumper – und das bei nicht einmal Stehhöhe!

Lärm und Zerstörung in einem Gotteshaus: Der alte, stark abgesunkene Fußboden mußte aus der Herz-Jesu-Kirche in Bremerhaven-Lehe herausgerissen werden. Das übernahm ein Gehl-Minibagger mit Krupp-Hammer.
Der neue Fußboden wurde anschließend mit 40 Bohrpfählen 21 m (!) tief gegründet

Obwohl Abbruchwerkzeuge in Höhen von 20, 30 oder gar 40 m recht klein und unscheinbar wirken, handelt es sich bei ihnen doch um eigenständige, bis zu 10 t wiegende, robuste Spezialmaschinen mit hydraulischem Antrieb, hier eine Cat-Schrottschere beim Industrieabbruch

Auch so kann Industrieabbruch aussehen: Mit Schneidbrennern, Stahlscheren sowie Raupen- und RT-Kranen wurde 1995 am Rand des englischen Kohletagebaues East Chevington ein riesiger Rapier-Schreitbagger W 2000 in seine stählernen Bestandteile zerlegt und als Altmetall verwertet

Oben links: „Vor einigen Stunden war dies ein zwölfstöckiges Haus mit Mietwohnungen", lautet der übersetzte Text der Caterpillar-Anzeige, mit der das Unternehmen in internationalen Fachzeitschriften in der Abbruchbranche für die Leistungsfähigkeit der Maschinen und Ausrüstungen wirbt

Oben rechts: Liebherr ist einer der führenden Hersteller von Abbruchbaggern, auch mit Long-Front-Auslegern, und Abbruchwerkzeugen. Deshalb zeigen die Anzeigen des Unternehmens neben Baumaschinen auch oft Abbruchtechnik

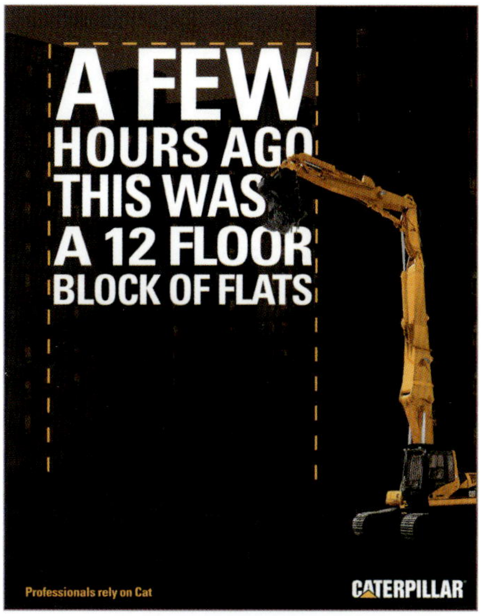

Mitte links: Bis heute ist die Abbruchkugel weltweit das bekannteste Symbol für Abbrucharbeiten, weshalb es – zwar nicht ganz passend für Long-Front-Bagger – von Case als Anzeigenmotiv gewählt wurde. Der deutschsprachige Text könnte lauten: „Zerstöre gut, um besser zu bauen"

Mitte rechts: Die französische Firma Arden Equipment setzt Abbruchwerkzeuge in der Werbung nicht an Baggerausleger, sondern als gruselige Köpfe mit gefräßigen Rachen auf Saurier. Die roten Zähne und Schneiden wirken wie bluttriefende Zahnreihen …

Unten links: Indeco aus Italien läßt seine neuen Hydraulikhämmer der Baureihe HP (High Performance) wie ein Blitz einschlagen. „Kreative Zerstörung in ihrer stärksten Wirkung", könnte die deutsche Übersetzung lauten

Unten rechts: Ob Weltraumschrott, zum Beispiel ausgediente Satelliten, tatsächlich mit Long-Front-Baggern zu beseitigen sind? Zumindest ist die Idee gut und das entsprechende Anzeigenmotiv von Komatsu ein echter Blickfänger

Zwar nicht nach Satelliten, aber immerhin bis in große Höhen reichen Seilbagger, die bei bestimmten Abbruchvorhaben bis heute unentbehrlich sind. Dieser 69-t-Seilbagger UB 60 S LCV von HBM Nobas zerrt mit seinem robusten Zweischalengreifer am 45-m-Ausleger an alten Industrieanlagen. Für große Standfestigkeit ist der Unterwagen von 3 m Transport- auf 4,4 m Arbeitsbreite auszufahren

Himmelhoch scheinen Long-Front-Ausleger zu sein, und für die Baggerfahrer ist es oft gar nicht einfach, die Werkzeuge in großer Höhe präzise, schnell, effektiv und sicher ansetzen zu können. All das verlangt sehr viel Können, und Anfänger, die das erste Mal einen Bagger bedienen, würden kläglich scheitern

Mit welcher erstaunlichen Präzision moderne Abbruchbagger arbeiten können, demonstriert ein Volvo EC360B bei einem Hallenabbruch auf der Insel Sylt: Auf einem Vordach lag ein Motorradhelm. Wie ein rohes Ei konnte der Abbruchgreifer den Helm fassen und unbeschädigt am Boden ablegen!

Abbrucharbeiten können spektakulär sein: Die beiden legendären „Twin Towers", das Wahrzeichen des englischen Wembley-Stadions, wichen den Abbruchkräften eines Liebherr R 974 B VH HD mit 37 m hoch reichendem Long-Front-Ausleger und 3,2 t schwerem Atlas Copco-Hydraulikhammer. Eine Hundertschaft internationaler Journalisten und Kamerateams verfolgte den ersten „Biß" am 7. Februar 2003 pünktlich um 14.15 Uhr

EIN BAGGER BRICHT DIE MAUER

Wenn symbolträchtiges Altes weichen muß, das nicht gerade beliebt gewesen ist, kommt Abbrucharbeiten eine ganz besondere Bedeutung zu. Das war beispielsweise am 28. April 1990 der Fall, als Grenztruppen der ehemaligen DDR mit der Beseitigung der Panzersperrmauer am Brandenburger Tor begannen. Der Beginn des Mauerabbruches wurde von vielen Zuschauern verfolgt. Die zunächst 10 m breite Bresche mitten in der Panzersperrmauer gab nämlich den Blick auf das Brandenburger Tor wieder frei, ein bedeutender symbolischer Akt für das Zusammenwachsen der beiden Teile Berlins.

Die Berliner Grenztruppen hatten sich auf die Aufgabe generalstabsmässig vorbereitet: Am ersten Tag wurde ein Hydraulikbagger UB 1233 von Nobas aus Nordhausen/DDR eingesetzt, ausgerüstet mit einem Krupp-Hydraulikhammer. Ein zweiter Bagger mit einem weiteren Hammer stand für alle Fälle am ersten Tag in Reserve und wurde im weiteren Projektverlauf ebenfalls eingesetzt.

Außerdem standen den Pionierkräften für den Mauerabriß ein Kran, mehrere Radlader und Lkw zum Abtransport des Mauerschutts zur Verfügung. Aus Gründen der Sicherheit an dem spektakulären Einsatzort und zur Vermeidung zusätzlicher Belastungen des Straßenverkehrs wurde die Bresche nur Nacht für Nacht von den Pionierkräften der Grenztruppen der DDR erweitert, bis das „Bauwerk" gänzlich abgebrochen war.

Die in großem Bogen um das Brandenburger Tor herumgeführte Panzersperrmauer war 174 m lang, 3 m dick und 2,2 m hoch. Sie bestand aus zwei Ringen aufeinander gestapelter und miteinander fest vermörtelter Fertigbetonplatten von 1 m Breite und 3 m Länge. Zwischen den Ringen waren schwere Schienen in den Untergrund einbetoniert. Ursprünglich war dieser massigste Teil der Berliner Mauer zur „Verschönerung" mit Kunststoff-Elementen verkleidet, die jedoch 1987 durch schwere und hochfest-armierte Betonplatten ersetzt wurden. Insgesamt mußten etwa 3000 t Stahlbeton beseitigt werden.

Der Krupp-Hydraulikhammer HM 950 leistete gute Arbeit und bewährte sich schon weltweit bei schweren Abbrüchen, im Straßen- und Eisenbahnbau, in Tagebauen und Steinbrüchen. Dank seiner robusten Bauweise, der wenigen beweglichen Teile und der hohen Einzelschlag-Energie hat er eine ausgezeichnete Löse-Leistung und sehr hohe Verfügbarkeit. Ausschlaggebend für die Auswahl des Nobas-Hydraulikbaggers und der Hydraulikhämmer von Krupp waren neben Leistungsfähigkeit und Zuverlässigkeit die hohe Wirtschaftlichkeit.

„Daß bei diesem außergewöhnlichen Einsatz beide Geräte aus Ost und West zu einer Einheit vereint wurden, um die trennende Mauer niederzureißen, hat sicher auch erhebliche Symbolkraft für Deutschlands Zukunft", war damals einer Pressemitteilung zu entnehmen.

Der erste Hammerschlag! Viele neugierige Zuschauer hatten sich eingefunden, als der Nobas-Hydraulikbagger UB 1233 mit einem Krupp-Hydraulikhammer HM 950 den Abbruch der Panzersperrmauer um das Brandenburger Tor begann – ein wahrlich symbolisches Abbruchprojekt

Oben: Zur Metamorphose des Reichstagsgebäudes in Berlin Mitte war rund ein Drittel der gesamten Bausubstanz zu entfernen. Hier knackte ein Cat 235D mit Long-Front-Ausleger und Abbruchzange eine der eingezogenen Zwischendecken. Fünf Bagger übernahmen als „Bodenpersonal" die Schuttbeseitigung

Mitte: Weltweit gewinnen Abbruchmaschinen stark an Bedeutung: JCB veranstaltete 2006 am Stammsitz des Unternehmens im mittelenglischen Rochester einen speziellen Abbruchtag und hatte dazu über 200 Kunden aus der europäischen Abbruchbranche eingeladen

Wer Baumaschinen vorführt, zeigt heute auch gerne Abbruchmaschinen. So präsentierte Terex in Spanien vor internationalem Fachpublikum einen in Norddeutschland im ehemaligen Atlas-Werk gefertigten Raupenbagger mit bedrohlich wirkendem Betonknacker

NEUER MARKT: DEMOLITION EQUIPMENT

Die für Abbrucharbeiten benötigten Maschinen und Ausrüstungen spielen für alle großen Baumaschinenhersteller eine immer wichtigere Rolle. Das Marktsegment „Demolition Equipment" (Zerstörungs-Ausrüstungen) rückt von einer kleinen, noch in den neunziger Jahren von vielen Firmen vernachlässigten Nischenposition zu einem bedeutenden Teil der Baumaschinenbranche auf.

Deshalb bieten zunehmend mehr Hersteller spezielle Abbruchversionen ihrer Baumaschine an; in erster Linie betrifft das Hydraulikbagger. Solche Bagger werden erheblich modifiziert, erhalten geschützte und neigbare Fahrerhäuser (für bessere Fahrersicht nach oben), zusätzliche Hydraulikkreise zum Betrieb der vielen unterschiedlichen hydraulischen Abbruchausrüstungen, besonders robuste Schnellwechsler und andere Details, die den Bagger für das harte Abbrechen fit machen.

Allerdings handelt es sich bei Abbruchbaggern nicht gerade um ein Massenprodukt. Weltweit werden nach Schätzungen derzeit jährlich etwa 500 bis 600 Hydraulikbagger mit Long-Front-Auslegern zwischen Arbeitshöhen von 16 bis 35 m verkauft. Und die jährlichen Verkaufszahlen von Long-Front-Baggern für Höhen von mehr als 40 m werden eher in Zehnern als in Hundertern gerechnet.

Die Firmen, die spezielle Abbruchmaschinen einsetzen, unterscheiden sich meist beträchtlich von herkömmlichen Bauunternehmen. Die

Oben: Volvo ergänzte sein Baumaschinenprogramm sogar um sogenannte Standardabbruchbagger wie den 51 t wiegenden EC460C, die gegenüber den normalen Baggern über zahlreiche Modifikationen verfügen und so auch härtesten Abbrucharbeiten bestens gewachsen sind

Mitte: Auch bei Modellsammlern und -bahnen wird abgebrochen, hier ein Bausatz eines Abbruchgebäudes von Pola und ein Liebherr-Abbruchbagger mit Long-Front-Ausleger von Herpa, beides im beliebten HO-Maßstab (1:87)

Unten: Den Einsatzort verlassen, ohne daß die Arbeit erledigt wurde …? Vielleicht ist der Baggerführer des Cat 385C neugierig geworden, denn in den folgenden Buchkapiteln können Mengen interessanter Abbruchtechnik entdeckt werden. Doch dazu muß erst mal die nächste Seite angesteuert werden!

Maschinen werden anders genutzt, die Einsatzprofile sind anders, das Projektumfeld ist anders. Deshalb bemühen sich viele Hersteller, diesen speziellen Kundenkreis gezielt anzusprechen.

So veranstaltete beispielsweise JCB im Juni 2006 am Stammsitz des Unternehmens im mittelenglischen Rochester einen speziellen Abbruchtag und hatte dazu über 200 Kunden aus der europäischen Abbruchbranche eingeladen. Die Tagung, die in Kooperation mit dem britischen Abbruchverband NFDC veranstaltet wurde, hatte ihren Schwerpunkt in der Demonstration der Maschinen im Praxiseinsatz beim Abbruch und im Bauschutt-Recycling. Von den Neuheiten stand der modulare Ausleger der Abbruchbagger im Mittelpunkt des Interesses.

Sogar die Spielzeug- und Modellhersteller fassen moderne Abbruchtechnik ins Auge. Im bekannten Sammlermaßstab 1:50 für Baumaschinenmodelle kommen mehr und mehr Abbruchbagger mit Long-Front-Ausleger auf den Markt, sogar Varianten, bei denen ganz realistisch wie bei den großen Baggerbrüdern der Abbruchausleger gegen einen kürzeren Standardausleger ausgewechselt werden kann. Um nicht nur Tieflöffel, Hydraulikhammer und Betonknacker in der Sammlervitrine zu zeigen, bieten Spezialfirmen eigens für die Modellbagger im Maßstab 1:50 konzipierte Abbruchwerkzeuge an.

Und auch auf Modellbahnanlagen wird's nun noch realistischer. Im üblichen HO-Maßstab (1:87) sind inzwischen Bagger mit Long-Front-Ausleger erhältlich, ebenso Gebäudebausätze von Abbruchhäusern und Ruinen. Wer also seine Modellbahnplatte umgestalten möchte, hat nun auch dazu die richtigen Maschinen. Nur hinsichtlich des Abbruchtempos der Long-Front-Bagger im HO-Maßstab muß niemand um seine Miniaturgebäude fürchten …

HISTORIE

EIN BLICK IN DIE ABBRUCHGESCHICHTE

Zwar wurden Abbrucharbeiten auch früher meist von Spezialfirmen durchgeführt, doch keineswegs mit dazu besonders geeigneten Maschinen. Vor der Mechanisierung des Bauwesens erfolgte auch der Abbruch manuell mit Picke, Brecheisen, Schaufeln, Leitern, Seilen und Haken – eine ebenso mühselige wie gefährliche Arbeit!

Zur Jahrhundertwende – natürlich vom 19. zum 20. Jahrhundert – stellte dieser fahrbare Kompressor der Frankfurter Maschinenbau A.-G. den neuesten Stand der Technik dar. Mit seinem Benzinmotor wurde ausreichend Druckluft erzeugt, um mehrere Preßlufthämmer betreiben zu können

Da waren die ersten kompakteren Seilbagger, die nicht gerade 50 t und mehr auf die Waage brachten, eine überaus willkommene Bereicherung für das Abbruchgeschehen. Solche Bagger konnten mit Tiefladern oder Bahnwaggons einigermaßen gut zu wechselnden Abbruchbaustellen transportiert und auch in Städten eingesetzt werden.

Einen wahren Einsatzschub für Abbrucharbeiten erfuhren Seilbagger mit dem Aufkommen der Raupenketten in den zwanziger und dreißiger Jahren: Nun waren Seilbagger unabhängig von Schienen und daher äußerst mobil – sie konnten vor abzubrechenden Gebäuden hin und her fahren.

Schnell zeigte sich, daß weder der Tief- noch der Hochlöffel die bestgeeigneten Abbruchausrüstungen waren, sondern schwere Abbruchkugeln, damals zumeist als Fallbirne bezeichnet, und robuste Greifer. Bald wurden Seilbagger mit langem Gittermastausleger zum vertrauten Bild auf jeder größeren Abbruchbaustelle.

Das waren unhandliche Großgeräte, längst nicht für jedes Projekt geeignet. Doch auch von anderer Seite rückte Hilfe an: Mit der Entwicklung der Drucklufttechnik für den Bau und mobiler Kompressoren konnten nun auch Drucklufthämmer für den Abbruch genutzt werden, die viele Arbeiten erleichterten und besonders auch beschleunigten.

Dann stagnierte die Abbruchtechnik: Das Wüten und Rasen des Zweiten Weltkrieges leistete Zerstörungsarbeit, die über jegliches menschliches Fassungsvermögen hinausging. Wichtiger als das Abbrechen der Ruinen war der anschließende Wiederaufbau, für den meist veraltete Baumaschinentechnik herhalten mußte.

In den fünfziger und sechziger Jahren kam die Entwicklung neuer Baumaschinen zwar rasant in Schwung, doch betraf das kaum den Abbruch: Die neuen, nur vereinzelt anzutreffenden Hydraulikbagger langten nicht hoch und weit genug, um sie beim Abbruch vernünftig nutzen zu können. Die damals ebenfalls neue Maschinengattung Radlader zerschnitt sich ihre Reifen auf grobem Bauschutt, besonders beim Versuch, mit durchrutschenden Rädern die Schaufel in die Schutthalden einzuschieben.

Einzig Laderaupen erwiesen sich bald schon als sinnvolle Helfer, krabbelten sie doch über den Schutt und erzeugten mit ihren Raupenketten ausreichend Vorschub, um Schutt aufnehmen und auf Lkw verladen zu können. Ansonsten blieb es bei der inzwischen bewährten Technik: Drucklufthämmer und Seilbagger.

Die Abbrucharbeit mit den damaligen „Preßlufthämmern" war immens laut, mühsam und überaus anstregend. Schwere Aufbruchhämmer wogen zwischen 20 bis über 30 kg und mußten bei 90 bis 95 Dezibel Krach stundenlang unter beachtlichen Vibrationen in den Händen gehalten werden. – Zum Vergleich: Heute sitzen die

Oben: Neben Seilbaggern mit Fallbirne waren fahrbare Kompressoren und „Preßlufthämmer", hier ein Atlas Copco MK-2V mit mehreren CH-50BE-Hämmern, für Jahrzehnte die einzigen spezialisierten Abbruchmaschinen

Unten: Die Bomben des Zweiten Weltkrieges leisteten wahrlich furchtbare Abbrucharbeit, doch mußten Baumaschinen den Rest übernehmen: Ein Menck MC 1 mit Kastenausleger und Greifer wurde 1946 in Augsburg bei der Trümmerräumung eingesetzt

Bild: Archiv Helmschrott

Acht, zehn oder mehr gleichzeitig schlagende „Preßlufthämmer“, mehrere dröhnende Kompressoren – wer solches Arbeiten noch kennengelernt hat, wird nie vergessen, was Lärm ist. Und Gehörschutz war damals noch ein Fremdwort …

Fahrer von Abbruchbaggern in schallgedämpften Komfortkabinen und dürfen beim Abbrechen sogar Musik hören.

RAMMEN WERDEN ZU HÄMMERN

Das Abbruchgeschehen änderte sich schlagartig, als die ersten Hämmer für Bagger entwickelt wurden. Pionierarbeit leistete zweifellos Demag in den fünfziger Jahren mit dem legendären Felsbrecher. „Zum Beseitigen von Fels, Beton und Mauerwerk verwendet man den Demag-Felsbrecher, das einzig dastehende Abbruchwerkzeug mit seiner überragenden Leistung.“

Weiter hieß es: „Durch Auswechseln einiger Teile können Demag-Rammhämmer leicht in Felsbrecher für Arbeiten über und unter Wasser umgebaut werden. Der verhältnismäßig dicke Meißel des Felsbrechers dringt mit Leichtigkeit in Mauerwerk, Beton oder Fels ein. Infolge des großen Meißelquerschnittes bricht das Gut auch dort ab, wo dünnere Spieße steckenbleiben. Die Vorgabe kann deshalb sehr groß genommen werden.“

Dies dürfte also die Geburtsstunde der mechanischen Abbruchwerkzeuge für Bagger gewesen sein – doch noch erfolgte der Antrieb der Hämmer über Druckluft, damals meist Preßluft genannt, oder gar über Dampf mit bis zu 10 atü Druck.

Wie könnte es anders sein, der berühmte Baggerhersteller Menck & Hambrock sorgte ebenfalls für Fortschritte beim „mechanischen Abbrechen“. Schon 1966 war über den Abbruchhammer Menck SB 180 zu erfahren: „Daß der Menck-Schnellschlagbär nicht nur ein guter vollautomatischer Rammbär ist, sondern auch als Felsmeißel eingesetzt werden kann, darüber berichteten wir bereits. Aber auch als schwerer Abbruchhammer bewährt er sich. Auf der Autobahnbaustelle

Recycling schon 1952: Für den Straßenbau auf der Ostseeinsel Fehmarn wurden Steine von Wegeinfassungen und Knicks mit einem „mechanischen Steinbrecher“ von der norddeutschen Firma Groth zerkleinert und an Ort und Stelle als Straßenbaumaterial wieder verwendet und eingebaut

In den fünfziger Jahren tauchten neue Maschinen auf, die sich vorzüglich beim Abbruch bewährten: Laderaupen wie diese HD 7G von Allis-Chalmers mit 1,3 m³ Schaufelinhalt drückten Mauern ein, räumten kraftvoll auf, beluden zügig Lkw und übernahmen anschließend sogar Aushubarbeiten

Links: Schwere Seilbagger wie dieser von Menck & Hambrock konnten ihre tonnenschweren Abbruchbirnen so hoch ziehen und so weit ausschwingen, daß die Einschlagkraft infernalisch, fast bombenähnlich war. Das sorgte für große Zerstörungskraft, der kein Gebäude standhalten konnte

Unten: Eine weitere Veränderung zeichnete sich ab: Seilbagger wurden in den vierziger und fünfziger Jahren kleiner und einige sogar mobil. Dieser „P&H-Universal-Autobagger Type 55" führte seinen Ausleger und Verlängerungs-Segmente mit sich und erledigte hier mit 0,5-m^3-Greifer Abbrucharbeiten

Meckelfeld bei Hamburg mußte eine alte Betonbrücke abgebrochen werden. Die Brücke bestand aus einer mit Trägern bewehrten etwa 80 cm dicken Betondecke. Zunächst versuchte die Bauunternehmung, mit anderen Geräten diese harte Nuß zu knacken. Am wirtschaftlichsten erwies sich jedoch der Einsatz des Menck-Schnellschlagbärs SB 180 mit Felsmeißeleinrichtung, der pro Schicht zwischen 19 bis 26 m^3 (fest) aus dem Betonbau herausbrach."

Nun ließen auch hydraulisch betriebene Hämmer nicht mehr lange auf sich warten. 1967 kam der erste maschinengeführte Hydraulikhammer der Welt, der Krupp HM 400, auf den Markt. Schon 1963 erhielt das Unternehmen ein Patent für „ein Schlaggerät mit hydraulisch hin und her beweglichem Kolben", allerdings zunächst vorrangig als Ramme gedacht. Für die Entwicklung zeichnete Dr. Friedrich-Karl Arndt verantwortlich, später auch oft „Vater des Hydraulikhammers" genannt.

Der Fachpresse war damals zu entnehmen: „Die guten Erfolge mit der Hydraulik-Ramme veranlaßten die Friedrich Krupp Maschinenfabrik in Essen, eine Variante als ‚Hydromeißel' zu entwickeln. Dieses Gerät stellt eine völlige Neuheit auf dem Weltmarkt dar und ist erstmals in der Lage, auch sehr lärmintensives Arbeiten wie das Knäppern, Aufreißen und Verdichten in ihrer vielkritisierten ‚akustischen Wucht' erheblich zu mildern."

Tatsächlich war schon damals die Lärmreduzierung ein wichtiger Grund für die Konstruktion des Hydraulikhammers. Immerhin war der Krupp-Hammer um rund 15 Dezibel leiser als herkömmliche Preßlufthämmer. Doch weitere Vorteile zeichneten sich ab: „Im Vordergrund der Entwicklung stand außerdem die Tatsache, daß der Trend hin zur ‚vollhydraulischen' Baustelle unübersehbar ist. Auch die Arbeitsmedizin begrüßt das neue Gerät, weil es die mühselige und oft zu Gelenkschäden (‚Pickhammerkrankheit') führende Knochenarbeit mit handgeführten Preßlufthämmern bei Straßenaufbrüchen und anderen Abbruchmaßnahmen übernimmt."

So mühsam war das Abbrechen noch in den fünfziger Jahren: Mit ihren nicht gerade leichten Flottmann-Aufreißhämmern CB 17 mußten die Arbeiter klettern und auf schmalen Mauern balanciern, eine ebenso beschwerliche wie laute, staubige und gefährliche Arbeit

Der Dieselmotor-Kompressor DE 3 von Demag vereinfachte mit seiner Liefermenge von 3 m^3/min Luft bei „6 atü Enddruck" (atü war eine Abkürzung für Atmosphären-Überdruck) Abbrucharbeiten aller Art; mehrere handgeführte „Preßlufthämmer" konnten angeschlossen werden

Mitte: Für kleinere Abbruchprojekte waren Mobilbagger auf Lkw-Chassis willkommene Helfer. Der Menck M 60 mit Kastenausleger und Greifer schwenkt hier auf einem Dreiachschassis eines unbekannten Herstellers – und war einer der wenigen Bagger, die sich mit Schleppschaufel im Abbruch betätigten

Unten links: Bauschuttverladung Mitte der sechziger Jahre mit einem Ahlmann-Schwenklader A II, der schon damals mit seiner schmalen Gitterrostschaufel diesen speziellen Einsatzgegebenheiten vorzüglich angepaßt wurde: Erde und Feinkorn fielen heraus, Ziegel und Schutt wurden verladen

Das war der vielleicht erste „Long-Front-Ausleger" für Abbrucharbeiten: Für den W 80 bot die Weserhütte Mitte der sechziger Jahre einen auf 30 m „verlängerten Gitterausleger für große Reichhöhen", der ausreichend robust war, um mit Fallbirne und Greifer auch große seitlich wirkende Kräfte aufnehmen zu können

Oben: „Ganze Arbeit“ leisteten die in den fünfziger bis in die siebziger Jahre fast auf jeder Baustelle anzutreffenden Laderaupen wie die International 175 bei kleineren Abbrüchen und dort, wo fleißige Seilbagger unwegsame Schuttberge erzeugten

Mitte rechts: Staunend stand der Autor als Zehnjähriger neben den Hebeln eines Weserhütte-Baggers W 60, der sich mühsam mit seiner seilbetätigten Tieflöffelausrüstung in der engen Lübecker Innenstadt beim Abbruch eines Altbaues abrackerte. Nennenswerte Löffelfüllungen waren kaum möglich

Mitte links: Hier gab's eine neue Abbruchmaschine: „Abbruch alter Fundamente und Brückenpfeiler, Beseitigung von Felsblöcken über und unter Wasser, Aufreißen von Straßendecken – das sind die Einsatzgebiete der Demag-Felsbrecher. Sie beweisen ihre Leistungsfähigkeit ganz besonders dort, wo nicht gesprengt werden darf“, warb Demag schon 1963 sehr fortschrittlich

Unten links: In den sechziger Jahren wurden die sogenannten Demag-Felsbrecher zunehmend häufiger auch für Abbrucharbeiten genutzt, damals allerdings noch an den Gittermasten von Seilbaggern oder Raupenkranen hängend. Die Versorgung mit „Preßluft“ oder Dampf erfolgte über eine separate Leitung

Unten rechts: „Das Bild zeigt den Menck-Abbruchhammer SB 180 an einer Führung frei am Baggerseil hängend beim Aufbrechen der Betondecke. Nach Möglichkeit wurden Betonbrocken von etwa $^1/_3$ m^3 losgeschlagen“, teilte der norddeutsche Hersteller 1966 in einer Werksinformation mit

Nicht nur Menck-, auch Weserhütte-Seilbagger waren beim Abbruch beliebt. Dieser Weserhütte W 80 mit Greifer riß 1973 in Wasserburg am Bodensee einen „Torgel" (Scheune) ab und belud einen raren Magirus-Sattelzug *Bild: Archiv Matthias Josef Kraus*

1,95 t wiegender Felsbrecher VR 15 A von Demag-Pokorny, an einem Raupenkran hängend. Der Arbeiter neben beziehungsweise unter dem Felsbrecher veranschaulicht die Dimensionen dieser immerhin frei hängenden und damit nur mühsam präzise anzusetzenden Ausrüstung

Ein amerikanischer Michigan-Radlader 175A, noch mit Hinterradlenkung anstelle einer Knicklenkung, verlädt mit einer damals sehr fortschrittlichen Gitterschaufel Mitte der sechziger Jahre unsortierten Bauschutt und Ziegelmassen auf einen Magirus-Saturn

Welch eine „durchschlagende" Veränderung, deren Bedeutung 1967 wohl kaum angemessen erkannt wurde: „Anbau eines Krupp-Hydromeißels am Knickarm eines Atlas-Hydraulikbaggers; der Meißel kann dadurch in der Auslegerachse im Zusammenwirken aller Gelenke um etwa 270 Grad geschwenkt werden", war zu erfahren

Der 1,95 t schwere Felsbrecher von Demag-Pokorny, nun nicht mehr an einem Seilbagger hängend, sondern anstelle des Tieflöffels an den Auslegerstiel eines Demag-Hydraulikbaggers H 21 montiert, war viel schneller, präziser und effektiver anzusetzen – wurde aber 1970 noch mit Druckluft oder Dampf (!) von bis zu 10 bar Druck betrieben

Die frühen Hydraulikhämmer erbrachten besonders im Abbruch Erstaunliches: Sie waren deutlich gezielter anzusetzen als die Abbruchbirne und zertrümmerten selbst härtesten Beton verblüffend schnell. „Arbeiten an stark armiertem Beton bis zu 80 cm Stärke führten zu so guten Ergebnissen, daß sich auf diesem Sektor eine breite Anwendungsmöglichkeit ergibt.“ – Doch trotz aller Zuversicht konnte damals niemand ahnen, daß Hydraulikhämmer ein echter „Renner“ werden und einige Jahrzehnte später in zig Tausend Exemplaren jährlich von etlichen Herstellern rund um den Globus produziert werden würden.

HOHE ZIELE FÜR HYDRAULIKBAGGER

Aber Hydraulikhämmer waren nicht sinnvoll an Seilbaggern zu verwenden. Sie schwangen ziellos am Ausleger hin und her, das genaue Ansetzen war zeitraubend und wenig effektiv. Außerdem benötigten die damals noch nicht hydrostatisch angetriebenen Seilbagger ein zusätzliches, separates Hydraulikaggregat, um solche Hämmer anzutreiben.

Doch wie konnten Hydraulikbagger und -hämmer besser für Abbrucharbeiten genutzt werden? Eine Lösung bot sich damit, den Ausleger zu verlängern, indem anstelle des Tieflöffels eine Stielverlängerung montiert wurde. Damit reichte ein Hydraulikbagger nun ebenfalls recht hoch und konnte zudem am normal-kurzen Ausleger einen Hydraulikhammer tragen, also für Abbrucharbeiten gleich doppelt genutzt werden.

Je länger die Ausleger und je schwerer die Werkzeuge wurden, beispielsweise Schrottscheren und Betonknacker, desto heikler war es um die Standsicherheit der Bagger bestellt. So kamem im Lauf der Jahre zu verbreiternde Unterwagen, verlängerte Raupenschiffe und schwerere Kontergewichte hinzu. Schritt für Schritt entstand so der moderne Abbruchbagger, der kein Erdbaubagger mehr ist.

Der 360 kg schwere HM 401 mit 550 Schlägen pro Minute war 1970 der Nachfolger des berühmten ersten Krupp-Hammers HM 400. „Bekannt in weiten Kreisen der Bauindustrie im In- und Ausland; bereits mehr als 1000 Hämmer im Einsatz“, warb das Unternehmen zu jener Zeit

In den sechziger und siebziger Jahren tauchten Baumaschinen beim Abbruch auf, denen man anfänglich keine richtig rauhen Arbeitsbedingungen zutraute: Hydraulikbagger, hier ein 22 t schwerer Hanomag R 100 (eigentlich ein Hatra-Bagger aus Lübeck-Travemünde), angetrieben von einem 103 PS starken, luftgekühlten Deutz-Motor

Oben: Schnell zeigte sich, daß sich Hydraulikbagger wie der schwedische Åkerman H 25 C nicht nur mit gewaltigen Abbruchwerkzeugen wie mit dieser Tunen-Stahlschere ausrüsten ließen, sondern sie auch gezielt und präzise ansetzen konnten – ein riesiger Vorteil gegenüber Seilbaggern

Mitte: Plötzlich arbeiteten in den späten siebziger und frühen achtziger Jahren überall im Abbruch Hydraulikbagger, wobei wie bei diesem Demag H 35 oft auch schon der Tieflöffel reichte, um beträchtliche Zerstörungskräfte zu entwickeln

Unten: Gegenüber Seilbaggern brachten Hydraulikbagger noch einen weiteren großen Vorteil zu jedem Abbruchprojekt mit: Sie konnten bestens mit hydraulisch betätigten Anbauausrüstungen wie einem Hydraulikhammer arbeiten – was sowohl die gefürchteten „Preßlufthämmer“ als auch das gefährliche und noch lautere Sprengen erübrigte

BAGGER MIT ABBRUCHSTIEL

Mit der Überschrift „Abbruch-Rationalisierung" berichtete die renommierte Baufachzeitschrift „bd baumaschinendienst" 1974 über eine neue Konstruktion der Liebherr-Hydraulikbagger GmbH, die Abbrucharbeiten mit Hydraulikbaggern erleichterte. In einer Einsatzbeschreibung wurde dies ausführlich dokumentiert, deshalb sei der Originaltext von damals hier wiedergegeben.

„Ein Wohnhaus sollte ohne Behinderung oder Gefährdung des fließenden Verkehrs abgebrochen werden. Anstelle des Tieflöffels wurde in wenigen Minuten der Abbruchstiel angebolzt. Hierbei handelt es sich um eine von Liebherr entwickelte Spezial-Ausrüstung. Durch die Löffelkipp-Presse ist er genauso gut kipp- und verstellbar wie ein Tieflöffel. Mit seiner Reichhöhe von etwa 15 m sind Häuser mit mehreren Etagen für den Bagger kein Problem."

„Gezielt kann der Abbruchstiel an einer der oberen Gebäude-Ecken ansetzen und mit dem Einreißen beginnen. Die Uhr zeigte 14.50 Uhr, und der Auftraggeber, welcher bis dahin ernstlich bezweifelte, ob die Arbeit am gleichen Tag beendet sein würde, atmete erleichtert auf. Balkone und Geländer waren so schnell verschwunden, daß der Fotograf die Gelegenheit, davon Aufnahmen zu schießen, glatt verpaßte."

„Außerhalb des eng begrenzbaren Gefahrenbereichs stand der Leiter der Abbrucharbeiten. Über ein kleines Sprechfunkgerät war er in ständigem Kontakt mit seinem Baggerfahrer – infolge der ausgezeichneten serienmäßigen Schalldämmung des Hydraulikbaggers ohne Problem – um ihm von Zeit zu Zeit Anweisungen geben zu können. Der Baggerfahrer selbst saß in seinem Fahrerhaus, welches durch einen Steinschlagschutz zusätzlich gesichert war."

„Natürlich blieb es nicht aus, daß sich durch herabfallende Mauerbrocken Staubwolken bildeten. Wirkungsvoll wurden diese mit Wasserstrahl aus einem Feuerwehrschlauch bekämpft. Von der Straße wurde lediglich der Fußgängerweg gesperrt, der übrige Verkehr blieb unbehindert."

„Mit dem Haken am Abbruchstiel wurden das Gebälk und die Mauerteile gezielt in die günstigste Richtung gezogen oder gedrückt. Der Schwenkantrieb ermöglichte außerdem seitliches Ziehen und Drücken."

„Geschickt konnte der Baggerfahrer Mauerwerk von Holzmaterial trennen, um beim anschließenden Verladen die Beladezeit für die Transportfahrzeuge möglichst kurz zu halten. Um 16.00 Uhr war vom Haus, außer einem mit Mauerwerk übersäten Trümmerfeld, nichts mehr zu sehen."

Soweit die damalige Beschreibung des Vorläufers aller heutigen Long-Front-Ausleger. Bei dem Liebherr-Abbruchstiel handelte es sich um eine als Kastenprofil ausgebildete Konstruktion mit aufgeschweißtem Abbruchhaken. Dieser Abbruchhaken setzte sich aus zwei Haken und einem Verbindungsteil zusammen. Die Anbolzung des Abbruchstiels erfolgte direkt am Löffelstiel, die Arbeitsbewegungen wurden mittels des Löffelkipp-Zylinders ausgeführt.

Um wenigstens etwas Höhe zu gewinnen, mußten Bagger früher oft krabbeln. Besonders steil war die Schuttrampe, die dieser schwere Poclain 220 CK für den Abbruch des Brügelmannhauses in Köln im Zuge des Sanierungsprojektes Altstadt-Dom-Rhein erklomm

1974 präsentierte Liebherr den neuartigen Abbruchstiel und, so damals die Fachpresse, „hat damit einen Weg beschritten, der nach Meinung von Experten richtungsweisend sein kann". Der Stiel wurde anstelle des Tieflöffels montiert

Der Liebherr-Abbruchstiel war in gleicher Ausführung an die Baggertypen A 921 B und R 921 B sowie R 941 B anbaubar. Dabei waren zusätzlich zwei weitere Anbauvarianten möglich, nämlich mit hydraulisch oder mechanisch höhenverstellbarem Ausleger.

Gegenüber dem Standard-Ausleger brachten diese Zusatzeinrichtungen einen weiteren Gewinn an Reichhöhe, und zwar bei hydraulischer Höhenverstellung 2,1 m und bei mechanischer Höhenverstellung 3,0 m. Mit der hydraulischen Höhenverstellung konnten im Gegensatz zur mechanischen Verstellung (starre Verbindung) die Reichhöhe und das Maß der Verstellbarkeit variiert werden. Die maximal möglichen Reichhöhen betrugen ohne Höhenverstellung 12,7 m, mit hydraulischer Verstellung 14,8 m und mit mechanischer Höhenverstellung immerhin 15,7 m.

Bald griffen auch andere deutsche Hersteller wie Atlas Weyhausen und O&K oder Poclain in Frankreich die Idee auf und boten spezielle Abbruchstiele für ihre Hydraulikbagger an. Zudem wurden derartige Stiele in der Folge von mehreren europäischen Spezialherstellern für Baggerausrüstungen angeboten.

In den siebziger und achtziger Jahren verdrängten Hydraulikbagger schnell die gewohnten Seilbagger und Birnen aus dem Abbruchgeschehen. Wesentlichen Anteil daran hatten die neuartigen „Abbrucharme" wie hier beim Atlas 1702D HD, die den eigentlich sehr kurzen Baggerauslegern wahre Höhenflüge bescherten

„Gefahrloser Abbruch von hochliegenden Gebäudebereichen mit dem neuen Teleskop-Abbrucharm", teilte Case Poclain 1986 zu diesem Einsatz eines Poclain 90 CK mit. Der weitreichende Arm bot noch einen anderen Vorteil: Mobilbagger brauchten sich ihre Reifen nicht zerschneiden und konnten im sicheren Abstand von Schutt und Trümmern ihr zerstörerisches Werk leisten

Mit dem Aufkommen der Long-Front-Ausleger sind die Abbruchstiele jedoch wieder weitgehend vom Markt verschwunden. Dennoch bieten sie bis heute einen interessanten Vorteil: Mit ihnen kann im Handumdrehen die Reichhöhe und -weite um einige Meter vergrößert werden, indem der Abbruchstiel einfach am Schnellwechsler gegen den Tieflöffel oder ein anderes Werkzeug ausgetauscht wird.

Das erspart eventuell den Einsatz eines größeren Baggers mit höher reichendem Long-Front-Ausleger oder das Aufschütten einer Schuttrampe. Deshalb liefern einige Firmen wie Paal Baugeräte aus Erbach-Ersingen bei Ulm nach wie vor Abbruchstiele, auch nach Kundenspezifikationen.

Ob „Abbruchstiel“, „Abbrucharm“ oder „Abbruchhaken“ wie hier beim schwedischen Hersteller Componenta an einem O&K-Bagger, die neuen Auslegerverlängerungen fanden schnell Freunde und erlangten in ganz Europa große Verbreitung

Einen Vorläufer der Long-Front-Ausleger präsentierte Poclain 1984: An einen langen, teleskopierbaren Abbruchstiel konnten nun auch Werkzeuge wie zum Beispiel eine hydraulische Abbruchschere angesetzt werden. Die bisherigen Stiele besaßen dagegen nur Reißhaken oder Stempel zum Eindrücken von Mauern

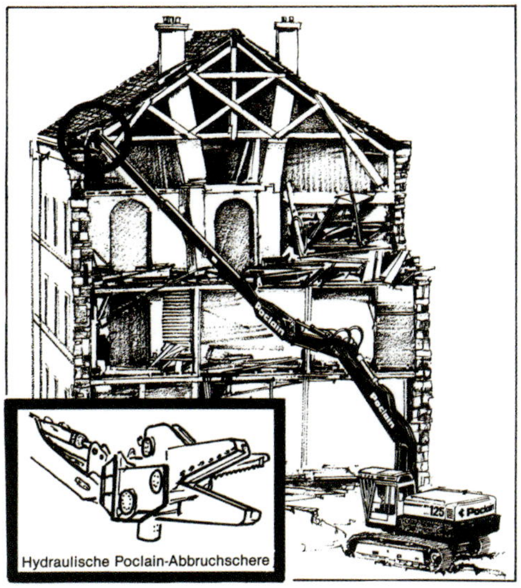

WERKZEUGVIELFALT UND RECYCLING

Doch erst mit der Entwicklung spezieller Abbruchwerkzeuge wie Betonknacker und -zangen, Stahlscheren und Sortiergreifern und besonders der überlangen Spezialausleger traten Hydraulikbagger ihren bis heute anhaltenden Siegeszug bei Abbruchprojekten rund um den Globus an.

Nun änderte sich auch das Abbruchgeschehen grundlegend: Früher wurde mit dem Seilbagger ein Gebäude „kurz und klein geschlagen“, also alles möglichst schnell dem Erdboden gleich gemacht, und anschließend der gesamte Bauschutt unsortiert auf die Deponie gebracht. Aber Ende der siebziger Jahre und besonders in den achtziger Jahren setzte ein Umdenken ein. Deponieraum wurde in Mitteleuropa zunehmend knapper und teurer, so daß das Recycling attraktiver wurde.

Außerdem zwangen immer strengere Sicherheits- und Entsorgungsvorschriften zum selektiven Abbruch. Die neuen Vorschriften für das Recycling und die fachgerechte Entsorgung von Altbaustoffen machten das Sortieren des Abbruchmaterials zwingend erforderlich. Dieses Sortieren wird erheblich vereinfacht, wenn beim Abbrechen selektiv vorgegangen wird. Beton, mineralische Gebäudeteile, Alteisen, brennbares Material oder gar kontaminierte Bausubstanzen wurden fortan sortiert, separat entsorgt und meist dem Recycling zugeführt.

In den achtziger Jahren wurden die speziellen Abbruchwerkzeuge für Hydraulikbagger zusehends bunter und vielfältiger. Dieser Liebherr R 932 zerkleinerte mit einem japanischen „Beton-Knacker“ OSC 1000 von Okada Abbruchmaterial und trennte dabei auch Beton und Stahlarmierungen

Bei großen Abbruchvorhaben wie bei diesem Industrieabbruch bewährten sich bald schon Hydraulikbagger auch dort, wo Seilbagger früher überhaupt nichts tun konnten: Der O&K RH 20 zertrennte mit seiner Schrottzange, angebaut an die Löffelanlenkung, große Stahlträger und legte sie dabei in Schrottcontainer

Sogar die in Massen aus Japan einwandernden Minibagger konnten nicht nur buddeln, sondern auch demolieren und abbrechen. Passende Abbruchwerkzeuge wie der 120 kg wiegende Furukawa-Hydraulikhammer HB200 bahnten den Minis weltweit den Weg in die große Welt des Zerstörens

Die in den siebziger und achtziger Jahren schnell Verbreitung erlangenden Minimaschinen wie dieser Skid-Steer-Lader von Bobcat scheuten sich nicht vor diffizilen Abbrucharbeiten und erhielten dazu spezielle Anbauausrüstungen, hier einen Betonknacker

Auch ohne die Wucht der Abbruchbirne zeigten Hydraulikbagger, wie sie mit ihrer Präzisionszerstörung bessere und schnellere Resultate erzielen konnten: Mit der Kombischere am Ausleger trennte der Komatsu PC 400 LC Querstreben und Stützpfeiler aus armiertem Beton sauber ab – bis der Riese stürzte

Immer ausgefeilter wurden die Ausrüstungen und Werkzeuge für Hydraulikbagger, die damit allen denkbaren Abbruchausgaben gewachsen waren. Der Poclain 160 CK sortierte mit speziellem Verstellausleger, langem Stiel und Fünf-Zahn-Greifer Stahlschrott eines Industrieabbruches

SEILBAGGER

DIE KLASSIKER IM ABBRUCH

Früher waren sie auf jeder größeren Abbruchbaustelle wie selbstverständlich vorhanden, heute machen sie sich rar: Seilbagger verschwinden aus dem Abbruchgeschehen, die Konkurrenz der Long-Front-Hydraulikbagger ist längst zu groß geworden.

Dennoch gehören Seilbagger im Abbruch längst nicht zum alten Eisen: Bei sehr großen Arbeitshöhen von bis zu 100 m und auch entsprechend weiten Ausladungen sind Seilbagger oder heute auch große Raupenkrane manchmal die einzig praktikable Maschinenart. Sie bieten dank ihrer weit reichenden Gittermastausleger auch den Vorteil, das eigentliche Abbruchgeschehen in sicherer Entfernung vom Bagger und damit vom Fahrerhaus stattfinden zu lassen.

Verbieten bauliche Gegebenheiten das Sprengen hoher Kamine und Türme, sind Seilbagger manchmal die einzigen Maschinen, mit denen in großen Höhen wirtschaftlich Abbrucharbeiten erledigt werden können. Nur Auto- und Turmdrehkrane mit angehängten Werkzeugen oder „knabbernden" Minibaggern bilden eine gewisse Konkurrenz – die aber weitaus weniger mobil ist als die auf Raupen hin- und herfahrenden Seilbagger.

Gegenüber den alten und uralten Generationen von Seilbaggern können

Ein Abbruch-Seilbagger, „wie er im Buche steht", daher sei der Paukenschlag zum Start dieses Kapitels dem Demag H 40 G gegönnt. Dieser „Hydraulik-Seilbagger" war in den achtziger Jahren – als Relikt einer aussterbenden Gattung – der einzige Seilbagger im Demag-Programm, wog 40 t und konnte mit bis zu 2 m^3 fassenden Greifern arbeiten

Oben: Ein Menck Mc 2 in seinem Element: Der legendäre Bagger stammt aus den schweren Zeiten des Zweiten Weltkrieges und leistete hier auch 1994 noch unverzagt seinen Dienst mit einer schweren Abbruchbirne beim Abriß einer Textilfabrik in Augsburg *Foto: Leo Helmschrott*

Rechts: Seilbagger können manchmal mehr als Hydraulikbagger mit Long-Front-Auslegern: Sie dürfen wie dieser Liebherr H 841 sogar Arbeitskörbe tragen und ersparen auf diese Weise die Anmietung selbstfahrender, geländetüchtiger und hoch reichender Hubbühnen

Unten: Klein wirkt ein 63 t schwerer Seilbagger, ein Sennebogen 655 R, aus der Höhe des 46 m langen Auslegers. Hier wird deutlich, aus welcher Höhe und mit welcher Wucht Schutt und Bauteile abstürzen können. Durch den teleskopierbaren Unterwagen und 17,1-t-Gegengewichte wurden bei 10 m Ausladung noch 4 t Last sicher gehoben

In Bodenhöhe sieht der 63-Tonner größer aus, doch nun wirken durch die Perspektive Auslegerende und Gebäudedach recht klein. Der Seilbagger hob beim Abbruch der Kampfmeyer-Mühle im Mannheimer Hafen schwere Gebäudeteile am Stück ab, hievte leere 7-m^3-Schuttmulden nach oben, nahm die vollen Mulden wieder an den Haken und stellte sie am Boden ab die neuen häufig die Raupenschiffe ihrer Unterwagen austeleskopieren und so die Gesamtbreite vergrößern, was für höhere Standfestigkeiten sorgt. Das ist besonders beim weiten Ausschwingen von Fallbirnen und Greifern wichtig, wobei auf den Bagger beträchtliche dynamische Kräfte wirken.

Zudem sind die neuen Seilbagger durch pfiffige technische Details leichter transportierbar. So verfügen die Unterwagen der Seilbagger von HBM-Nobas über ein patentiertes Teleskopiersystem zur Spurverbreiterung. Dadurch begnügt sich beispielsweise der große 69-t-Seilbagger UB 60 S mit 45 m Auslegerlänge bei eingezogenen Raupenfahrwerken mit 3 m Transportbreite, steht und fährt aber beim Einsatz dank 4,4 m Arbeitsbreite sehr sicher. Beim kleineren, 40 t wiegenden UB 35 S erhöhen patentierte Abstützungen seitlich an den Raupenfahrwerken – ein auf dem Markt exklusives technisches Merkmal – das seitliche Standmoment um bemerkenswerte 13 Prozent.

Da hält kaum ein Long-Front-Bagger mit: Beim Abbruch eines 1923 erbauten Kohlekraftwerkes bei Kassel wurde als Schlüsselgerät ein Seilbagger HS 872 HD von Liebherr mit 56 m langem Ausleger und 4 t schwerer Fallbirne eingesetzt. Für den Abriß der Außenummantelung des 62 m hohen Kesselhauses erhielt der Seilbagger sogar einen Ausleger für 74 m Höhe

LEICHTE AUSLEGER DÜRFEN LÄNGER SEIN

Seilbagger sind mit ihren leichten Gittermastauslegern Hydraulikbaggern nicht nur bezüglich Reichhöhe und -weite überlegen. Hydraulikbagger können an überlangen Long-Front-Auslegern keine sehr schweren Werkzeuge tragen. Und die langen Gittermastausleger ermöglichen das Positionieren des Baggers weit außerhalb des Gefahrenbereichs, so daß der Fahrer während der gefährlichen Arbeit vor herabfallenden Trümmern einigermaßen geschützt ist.

Spezielle Seilbagger-Unterwagen, die auf größere Breite ausgefahren werden, bieten ausreichend Standfestigkeit und erlauben trotz weiter Ausladungen große Nutzlasten. Bei einem 80 t schweren Seilbagger kann zum Beispiel am 60-m-Ausleger ein 5-t-Abbruchgreifer hängen. Diese Werte erzielt bislang kein Hydraulikbagger.

Seilbagger im ursprünglichen Sinn des Wortes werden heute praktisch nur noch für die Gewinnungsindustrie zum Naßbaggern und für den übertägigen Bergbau hergestellt. Die modernen Seilbagger, die jetzt beim

Sogar Gotteshäuser müssen manchmal „dran glauben", so 1971 diese Kirche in Süddeutschland. Das bereitete einem Menck Mb keine Probleme, sorgte für den Antrieb doch ein 107 PS starker, stehender 3-Zylinder-2-Takter von Deutz, ein schier unverwüstlicher Motor, der bei Drehzahlen von nur 475 bis 500 U/min kaum zu übertreffende Drehmomente erzeugte *Foto: Leo Helmschrott*

Wo nicht oben in der Höhe abgerissen wurde, sondern Keller und Fundamente abzubrechen waren, mußten sich Bagger wie dieser bis 1965 gebaute Åkerman 700 mit ihrem Tieflöffel abmühen. Im Vergleich zum Hydraulikbagger boten die Tieflöffel nur wenig Bewegungsmöglichkeiten, was das effektive Lösen und Brechen erschwerte

Abbruch verwendet werden, sind vielmehr Raupenkrane oder für den Spezialtiefbau konzipierte Trägergeräte mit hydrostatischen Windenantrieben.

Die auf neue Einsatzzwecke ausgerichtete Bauweise ändert jedoch nichts daran, daß Seilbagger beziehungsweise Seil-Trägergeräte nach wie vor ideale Maschinen für umfangreiche Abbruchvorhaben sind, bei denen ein großer Teil der Arbeiten in Höhen von mehr als 20 oder 30 m zu erledigen ist, beispielsweise im Industrieabbruch. Manche Seilbagger oder Raupenkrane sind auch vorteilhaft einzusetzen, weil ihre Ausleger bedarfsweise mit 1,5 bis 6 m langen Zwischenstücken den jeweiligen Abbruchverhältnissen beliebig angepaßt werden können.

Mit ihren langen und leichten Gittermastauslegern, die hinsichtlich des Eigengewichtes jeden Abbruch- und Long-Front-Ausleger eines Hydraulikbaggers unterbieten, sind Seilbagger bei Reichhöhe und -weite Hydraulikbaggern weiterhin überlegen. Die modernen Rohrausleger haben einen großen Anteil an der Leistungsfähigkeit der Seilbagger, da sie aufgrund ihrer großen Systemmaße auch noch in großer Höhe das seitliche Schlagen mit der Abbruchbirne erlauben. Durch die besondere Auslegerbauart sind nicht

Links: Bei ganz kleinen Abbruchvorhaben und bei großen Projekten, wo es auch ebenes Gelände gab, wurden gerne mobile Seilbagger zum Sortieren und Verladen des Schuttes verwendet, hier ein seltener Demag-Mobilbagger B 406 bei Düsseldorf

Rechts: Bis heute bewähren sich trotz aller hydraulischen Konkurrenz Seilbagger beim Abbruch. Dieser hydrostatisch angetriebene Fuchs 718 R riß im Sommer 2007 mit seinem Greifer ein mehrgeschossiges Wohnhaus in Kreßbronn am Bodensee ab *Foto: Matthias Josef Kraus*

„Um die neuen Bagger zu prüfen, fordert P&H in einem spektakulären Test die Fliehkraft heraus", teilte Harnischfeger 1967 zum „P&H-Universal-Raupenbagger 320" mit. „Schwenken Sie auf diese Art eine 2 Tonnen schwere Abbruchkugel. Die sich aufbauende Kraft würde bei einem gewöhnlichen Bagger fast den Ausleger von der Maschine reißen. Die P&H-Bagger werden stundenlang der ungeheuren Wucht des fliegenden Gewichtes ausgesetzt. Ein routinierter Baggerführer hebt und senkt dabei ständig den Ausleger, betätigt immer wieder die Hubkupplung und -bremse und wechselt alle paar Runden die Schwenkrichtung."

nur extreme Arbeitshöhen von 40 bis 100 m möglich, sondern auch eine sichere Entfernung von der Abbruchfront.

Der größte Abbruchbagger Europas ist auch kein Hydraulikbagger, sondern ein 190 t wiegender Hitachi KH 1000 aus den Niederlanden mit 109 m hohem Ausleger – zugegeben, es ist kein Seilbagger, sondern ein entsprechend modifizierter Raupenkran für 200 t Traglast. Der Abbruchriese wird in erster Linie für Demontagen und Industrieabbrüche herangezogen. Dank der Auslegerlänge reicht die Abbruchbirne des KH 1000 auf höchste Bauwerke und Schornsteine. Dadurch erübrigen sich kostenintensive Sprengungen samt umfassender Sicherungsmaßnahmen oder auch umständliche Abbrucharbeiten von Gerüsten aus.

Während aber echte Seilbaggerausleger so konzipiert sind, auch hohe seitlich wirkende Kräfte aufzunehmen, zum Beispiel beim Schwenken mit gefüllter Schleppschaufel, ist das bei den Auslegern von Raupenkranen nicht der Fall. Deshalb müssen solche Ausleger und ihre Anlenkung am Oberwagen für Abbrucharbeiten entsprechend verstärkt werden.

Da haben wir noch ein „fliegendes Gewicht", und auch der Demag-Bagger H 40 G hielt den Belastungen wacker stand. Dennoch wird hier deutlich, welche Fliehkräfte und seitlichen Kräfte Ausleger, Oberwagen, Schwenkwerk und letztlich auch der Unterwagen bewältigen mußten

Das niederländische Abbruchunternehmen Beelen Sloopwerken erwirbt derzeit sogar einen 300-t-Raupenkran von Hitachi, der mit seinem langen Ausleger zwar nicht mit Abbruchkugel, aber mit Greifer und angehängten Schrottscheren oder Betonzangen arbeiten soll. Insofern lebt die Tradition der Abbruch-Seilbagger nun in den großen Raupenkranen zumindest etwas weiter.

Die Rüstzeiten der Gittermastausleger müssen keine Hürde darstellen. Der HBM Nobas UB 35 5 bietet zum Beispiel ein patentiertes Stoßsystem, das ein horizontales beziehungsweise seitliches Zusammenfalten des 20 m langen Standard-Gittermastes ohne Fremdhilfe mit geringstem Aufwand erlaubt. Durch den paketartig gefalteten Ausleger müssen keine separaten Auslegerteile transportiert werden.

Vorteilhaft ist außerdem die flexible Einsatzanpassung der Auslegerlänge durch einzufügende oder herauszunehmende Elemente. Dadurch kann beispielsweise ein 80-t-Seilbagger mit Greifer und Abbruchbrine zum Beginn der Arbeiten mit 62 m Auslegerlänge, beim fortschreitendem Schrumpfen des Gebäudes mit 46 m und dann „in Bodennähe" mit nur noch 38 m langem Ausleger demolieren.

BIRNE, HAKEN, GREIFER ODER TIEFLÖFFEL?

Seilbagger können bei Abbrucharbeiten vielseitig genutzt werden, nämlich mit Fallbirne oder Greifer und bei Demontagearbeiten in 50 oder 70 m Höhe mit Arbeitskorb. Für derartige Höhen müßten anderenfalls teuerste, weil größte Lkw-Hubarbeitsbühnen angemietet werden, die womöglich die Einsatzstellen wegen Enge oder zu rauhen Geländes kaum erreichen können. Mit einem von der Berufsgenossenschaft abgenommenen Personenbeförderungskorb für zwei Arbeiter samt Werkzeugausrüstung können zum Beispiel Stahlkonstruktionen in großen Höhen ohne umständlichen Gerüstbau getrennt werden.

Außerdem sind Seilbagger beim Abbruch mit Kranhaken und schließlich beim Abtragen von Gebäuden und Schuttmassen mit Zwei- oder Mehrschalengreifern einzusetzen. Und bei

Dort, wo eine 6, 8 oder gar 10 t schwere Abbruchbirne mit voller Wucht einschlägt, „wächst kein Gras mehr". Mauern zerbersten, Holz kracht und splittert, und das gesamte Umfeld wird in infernalische Staubmassen gehüllt. Nur Seilbagger konnten so „wüten"; die heutigen Long-Front-Bagger gehen sanfter, selektiver und damit auch weniger zerstörerisch vor

Foto: Leo Helmschrott

Auch das kann im harten Abbruchalltag passieren, und hier 1972 ausgerechnet einem doch eigentlich so robusten Menck M 90. Nicht das Gebäude brach, sondern der Ausleger! Ursachen für das Abknicken waren ein Bedienfehler und Überlastung. Erfreulicherweise wurde niemand verletzt, doch der Ausleger war irreparabel

Fotos: Leo Helmschrott

großen Industrieabbrüchen mit unzähligen Stahlteilen und Trägern wird an den Gittermast ein Elektromagnet gehängt, mit dem der Seilbagger zum fleißigen Alteisensammler wird.

Wie heute Hydraulikbagger, so wurden und werden auch Seilbagger den jeweiligen Abbruchprojekten so gut wie möglich angepaßt. Mit dem Greifer wird zum Beispiel nicht nur Bauschutt geladen, sondern auch an Trägern und Balken gezerrt, und – da die Abbruchbirne nicht mal so eben im Handumdrehen anzuhängen war – auch mit ziemlicher Wucht durch schnelles Schwenken des Oberwagens Mauerwerk eingeschlagen. Der schnell im Freifall herabsausende Greifer kann Dächer und Zwischendecken durchschlagen.

Ein ruckeliges, meist nicht sehr effektives Vorgehen mit dem Seilbagger beim Abbruch gehört der Vergangenheit an: Das Nagen und Kratzen an Gebäuden mit dem seilbetätigten Tieflöffel. Das übernehmen Hydraulikbagger besser, zudem haben sie eine etwas größere Reichweite und höher langende Standardausleger.

EIN JAHR LANG ZERSTÖRUNG NACH PLAN

Ein ebenso typischer wie interessanter Seilbaggereinsatz war 1990 beim Abbruch eines Kraftwerkes zu beobachten. Das teilweise noch aus dem Jahre 1925 stammende Kraftwerk Neuhof der Hamburgischen Elektrizitätswerke wurde damals abgerissen. Riesige Maschinenhäuser und 16 große Brennöfen beherbergende Gebäudekomplexe, mehrere Kamine und 35 m hohe Kohle-Bunkersilos waren fachgerecht zu zerkleinern.

Veranschlagt war für das Projekt ein Jahr. Etwa 22 000 t Stahl sowie 160 000 t Beton und Mauerwerk mußten nicht nur dem Boden gleichgemacht, sondern größtenteils der Wiederverwertung zugeführt werden. Das Abbruchmaterial wurde gleich auf dem Gelände sortiert, Metall und Eisen ausgesondert, Beton und Mauerwerk mit einer Aufbereitungsanlage zu kleinen Korngrößen gebrochen. Die gesamten 80 000 m^3 Recyclingmaterial konnten dank guter Qualität schon im voraus verkauft werden.

Als Schlüsselgerät für den Abbruch des Kraftwerkes wurde ein Weserhütte-Seilbagger SW 311 mit 40 und wahlweise 60 m langem Ausleger eingesetzt. Mit dieser Auslegerlänge war der 80 t schwere Bagger in der Lage, auch das 52 m hohe Gebäude mit den Heizöfen abzureißen und, da nicht gesprengt werden durfte, Kamine, Silos und Kohlebunker.

Die hohe Standfestigkeit des Baggers, ermöglicht durch den auf größere Breite teleskopierbaren Unterwagen, erlaubte hohe Nutzlasten bei weiten Ausladungen. Am 60-m-Ausleger konnte zum Beispiel eine 4 t wiegende Fallkugel, am 40 m langen Ausleger ein 5-t-Abbruchgreifer hängen. Um die umfangreichen Stahlkonstruktionen in großen Höhen abzutrennen, konnte auch ein Personenbeförderungskorb für zwei Arbeiter an den 60-m-Ausleger gehängt werden.

Mechanischer und hydrostatischer Antrieb

Bemerkenswert waren die Vorteile des Kombinationsantriebes der letzten Generationen von Weserhütte-Seilbaggern: Per Knopfdruck konnte vom mechanischen Antrieb der Hauptwinden auf hydrostatischen Antrieb umgeschaltet werden. Der hydrostatische Windenantrieb ermöglichte das kraftschlüssige Senken und feinfühlige, ruckfreie und stufenlose Bewegen des Arbeitskorbes.

Der mechanische Antrieb, ausgelegt für einen wirkungsvollen Baggerbetrieb, erzielt hohe Reißkräfte und Seilgeschwindigkeiten. Besonders vorteilhaft war das bei Arbeiten mit der Fallkugel, denn hierbei wird ein ausschließlich hydrostatischer Antrieb erheblich belastet.

Beim Greifereinsatz kam die große Seilzugkraft des mechanischen Antriebes von 20,7 t bei 55,4 m/min Seilgeschwindigkeit zum Tragen. Im Kranbetrieb waren 0 bis 85 m/min Seilgeschwindigkeit zum schnellen Überwinden der großen Hubhöhen ideal.

Da mit dem SW 311 viele Funktionen gleichzeitig durchgeführt werden konnten, beurteilte der Baggerführer die damalige Weserhütte-Technik als optimal für den Abbruch. Da er auch als Abbruchführer fungierte, hatte er in der Baggerkabine sowohl Sprechfunk als auch Funktelefon.

Dank seiner hohen Leistungen erzielte der SW 311 Anfang 1991 schon fast fünf Wochen Vorsprung. Weil der Bagger mit seiner Gegengewichts-Absenkvorrichtung sowie weniger als 4 m Transportbreite und 3,7 m Höhe leicht transportierbar war, entschied sich die Abbruchfirma, den Seilbagger dank des Zeitvorsprungens für sieben Wochen zum Abbruch eines Kaufhauses nach Essen abzuziehen. Dort beendete der Bagger wieder zwei Wochen vor Termin seine Arbeit. Der Baggerführer meinte dazu: „Wir haben nur ein Problem: Unsere Weserhütte-Bagger sind eben zu schnell … !“

Links: Ein „kleiner“ Bagger vor 22 000 t Stahl und 160 000 t Beton und Mauerwerk. Der Weserhütte SW 311 war beim Abriß des Hamburger Kraftwerkes Neuhof für ein Jahr eine vielbeschäftigte Schlüsselmaschine

Mitte: Mit seinem 60 m langen Ausleger und dem kombinierten mechanisch-hydrostatischen Antrieb eignete sich der 80 t schwere SW 311 bestens für die schweren Abbrucharbeiten und erklomm mit seinem Raupenfahrwerk auch Abhänge und Halden

Rechts: Oft waren bei dem Abbruch des Kraftwerkes tonnenschwere, große Teile herauszuzerren und auszusortieren; der Weserhütte SW 311 hob sie dank seiner außerordentlichen Standfestigkeit stets problemlos

FALLOBST MIT DURCHSCHLAGENDER WIRKUNG

Abbruchbirnen sind ungeachtet aller selektiv arbeitenden Hydraulikbagger keineswegs veraltet. Auch heute noch gibt es umfangreiche Abbruchvorhaben, bei denen Seilbagger und Abbruchbirnen schneller und effektiver als Hydraulikhämmer und Betonknakker Fundamente zertrümmern, massive Betonstrukturen recyclinggerecht zerkleinern und schwere Betonträger mit großer Wucht durchschlagen.

Bei einem Kraftwerksabbruch konnten zum Beispiel stehende 400er-Breitflanschträger mit einer Abbruchbirne am 23 m langen Ausleger eines schweren Seilbaggers durchschlagen werden. An diesen Trägern befestigte waagerechte Träger wurden durch Einzelschläge aus etwa 10 m Höhe vom stehenden Träger abgetrennt, was gefährliche, zeit- und lohnaufwendige Schweißarbeiten in Höhen von 10 m und mehr erübrigte.

Bemerkenswerte Erfolge erzielten Seilbagger mit Abbruchbirnen bei der Zertrümmerung von Fundamenten mit je 50 m³ Masse. Wo ein 25-t-Bagger mit Hydraulikhammer nach zwölfstündigem Einsatz nur 75 Prozent eines Fundamentes zerkleinerte, zerstörte die Abbruchbirne jedes Fundament in knappen zehn Minuten. Diese enorme Zeitersparnis ließ sich bei dem Einsatz gar nicht erst in Stunden, sondern gleich in Tagen ausdrücken.

Stark mit Armierungen durchsetzte Betonteile, auch großer Ausmaße, werden durch Abbruchbirnen in kurzer Zeit zu Schotter zerschlagen. Armierungsstahl wird auf diese Weise sauber vom Beton gelöst und ist ohne weitere Arbeiten für das Recycling nutzbar. Damit leisten schwerste Abbruchbirnen auch einen Beitrag zur Energieeinsparung und Umweltentlastung und sind somit keinesfalls veraltet.

Noch bis vor wenigen Jahren wurden große, weil 8, 10 und sogar 12 t schwere Abbruchbirnen beispielsweise von BMB Baumaschinen Beyer aus Bollschweil angeboten. Dabei soll es sich um die größten Abbruchbirnen Deutschlands gehandelt haben. Sie

Werkzeuge der Zerstörung: Ein gewaltiger Menck M 250 der im Abbruch sehr erfolgreichen Firma Luff übernahm 1993 einen Löwenanteil beim Abriß des alten Flughafens München-Riem. Hinter dem Bagger ist das Wirken der unaufhaltsamen Abbruchkugel nicht zu übersehen! *Foto: Leo Helmschrott*

Seilbagger mit Fallbirne waren im Abbruch bis weit in die achtziger Jahre ein vertrautes Bild. Aber nicht immer ragten die brechenden Mauerreste so bedrohlich in die Höhe wie vor diesem Weserhütte-Bagger. Nicht selten wurden Bagger und leider auch der Fahrer in der Kabine von abstürzenden Schuttmassen begraben

„Seilbagger erreichen mit ihren leichten Gittermastauslegern noch immer größere Arheitshöhen als Hydraulikbagger und sind damit im Industrieabbruch unentbehrlich", teilte Sennebogen zu dem Abbrucheinsatz eines 60 t hebenden 660 R-LC mit. Der Seilbagger konnte bis 110 t Gesamtgewicht aufgerüstet werden; Auslegerlängen bis 52 m sorgten für beachtliche Reichhöhen

Über interessante technische Details verfügte der 36-t-Seilbagger Nobas UB 1254, der auch oft bei Abbruchprojekten fleißig war. Die Spurweite des Unterwagens konnte hydraulisch verstellt werden (hier an einem Hydraulikbagger demonstriert), ein Nobas-Patent. Ebenfalls patentierte Abstützungen seitlich an den Raupenfahrwerken – ein damals auf dem Markt exklusives technisches Merkmal – erhöhten das seitliche Standmoment um bemerkenswerte 13 Prozent. Und schließlich bot der 20-m-Ausleger ein patentiertes Stoßsystem, das ein horizontales beziehungsweise seitliches Zusammenfalten des Gittermastes ohne Fremdhilfe mit geringstem Aufwand von nur einer Person erlaubte. Durch den paketartig gefalteten Ausleger mußten keine separaten Auslegerteile transportiert werden

wurden aus Sphäroguß GG30 gefertigt und verfügten über eine eigens entworfene Spezialaufhängung in Form eines eingegossenen Fensters zur Seilaufnahme, das den Seilverschleiß reduzierte. Das halbkugelförmige Unterteil der Birnen sorgte für eine beachtliche Spreng- und Durchschlagwirkung beim Herabfallen.

Die Firma LST GmbH aus dem süddeutschen Herrsching verkauft nach wie vor solide Abbruchkugeln aus eigener Produktion. Die bis zu 10 t schweren Abbruchkugeln eignen sich für fast jeden Bedarf, auch zum Knäppern, und können sowohl gekauft als auch gemietet werden. Als Faustregel für die Kugelgröße nennt LST etwa zehn Prozent des Seilbaggergewichts, wobei auch Sonderausrüstungen berücksichtigt werden sollten.

UNGEWÖHNLICHE SEILBAGGER-AUSRÜSTUNGEN

Im klassischen Abbrucheinsatz werden Seilbagger hauptsächlich mit Fallbirne und Greifer verwendet, was jedoch das Einsatzspektrum einschränkt. Neben Arbeitskörben, Zwei- und Mehrschalengreifern sowie E-Magneten, die Eisenmetalle vom Bauschutt trennen, gibt es weitere, allerdings nicht sehr bekannte Abbruchausrüstungen für Seilbagger.

Ein oft bemängelter Nachteil des Seilbaggers ist das Fehlen hydraulischer Versorgungsleitungen zum Betrieb von Hydraulikwerkzeugen, die am Haken des Auslegers hängen. Deshalb können am Seilbagger normalerweise keine Stahlscheren, Betonzangen oder Hydraulikhämmer genutzt werden, oder dazu müssen leicht verletzbare Hydraulikleitungen vom Boden oder vom Oberwagen eigens zum hängenden Werkzeug geführt werden.

Deshalb entwickelte die belgische Firma ETS Marcel Lambert in den achtziger Jahren die „Hydrosphere", einen komplett autarken hydraulischen Nebenantrieb, der sich geschützt in einer am Kran- beziehungsweise Seilbaggerhaken hängenden, robusten Kapsel befand. Die Bedienung des ebenfalls innerhalb der Kapsel untergebrachten, 53 PS starken Hatz-Dieselmotors und der Hydraulik erfolgte über eine 300 m weit reichende Funkfernsteuerung. Das Kontrollpult der Fernsteuerung konnte je nach den besten Sichtverhältnissen in der Kabine oder irgendwo von einem Arbeiter am Boden bedient werden.

Robuste Spezialgreifer versetzten Seilbagger in die Lage, bei komplexen Abbruchprojekten Stahlkonstruktionen und Träger förmlich selektiv heraustrennen und recyclinggerecht sortieren zu können. Ungewöhnlich ist bei diesem Demag H 40 G der Fahrerhausschutz, der an Steinbruchbagger erinnert

Die Kapsel wog mit 50-l-Kraftstoffüllung 1,5 t, so daß auch bei kleineren Seilbaggern ausreichend Hubkapazität für die ja recht schweren hydraulisch betriebenen Abbruchwerkzeuge verblieb. Mit der „Hydrosphere“ war es möglich, Abbrucharbeiten in (fast) jeder beliebigen Höhe auszuführen. Nicht nur am Seilbagger, sondern auch an Turmdreh- oder Teleskopkranen hängende Schrottscheren und Betonzangen konnten durch die „Hydrosphere“ betrieben werden. Bei besonders problematischen Abbrucharbeiten wurde sogar empfohlen, die Hydraulikkapsel vom Hubschrauber aus zu verwenden.

Weitere interessante Abbruchwerkzeuge für Seilbagger sind sogenannte hydraulische Pfahlknacker, die einfach über abzubrechende Betonpfähle zu stülpen sind. Übrigens können solche 550 bis 1000 kg schweren Vorrichtungen auch an die Tieflöffel von Hydraulikbaggern gehängt werden. Zum Betrieb der Pfahlknacker werden ein größter hydraulischer Druck von 280 bar und Durchflußmengen zwischen 20 und 80 bar benötigt. Die in Sonderausführungen bis zu 5 t wiegenden, patentierten Pfahlknacker beißen effizient, vibrations-, staub- und nahezu geräuschfrei Betonpfähle von bis zu 1,2 m Durchmesser durch. Bis zu 200 Pfähle sollen an einem Acht-Stunden-Tag auf diese Weise abzubrechen sein.

Eigens für Seilbagger wurden sogar hängende Betonknacker entwikkelt, die armierte Betonkonstruktionen und bis zu 95 cm dicke Betonwände demolieren konnten. Ferngesteuert schaffte der hydraulisch betriebene Wandknacker täglich je nach Einsatz 20 bis 40 m^3 Betonsubstanz, und das ohne Lärm, Erschütterungen und Staub. Bei veränderter Seilanschlagung konnte der Wandknacker auch hori-

Häufig wechselte ein Seilbagger im Verlauf der Arbeiten mehrmals zwischen Greifer und Abrißbirne hin und her. Das Anschlagen der Seile bereitete allerdings deutlich mehr Mühe als das heutige, nur Minuten oder gar Sekunden dauernde Wechseln der Werkzeuge am Schnellwechsler eines Hydraulikbagger-Auslegers!

Fotos: Urs Peyer

Links: Zu den selteneren Abbruchausrüstungen für Seilbagger zählten schwere Pfahlknacker wie der „Pilecut" von Diaber, die einfach am Ausleger hingen und den Bagger dynamisch nicht sonderlich beanspruchten. Jedoch war ein separates Hydraulikaggregat vonnöten, um den Pfahlknacker betreiben zu können

Rechts: Die Pfahlknacker, hier von Taets aus den Niederlanden, eignen sich für Pfahldurchmesser von 0,3 bis 1,8 m und werden hauptsächlich dazu verwendet, bei Gründungsarbeiten die oberen Bereiche von Ortbetonpfählen abzubrechen. Deshalb können sie nicht nur an Seilbaggern, sondern auch an Kranen aller Art hängen

Das wohl eindrucksvollste Abbruchwerkzeug bleibt die Abrißbirne, auch Fallbirne oder Abbruchkugel genannt. Bei 6 bis 10 t Gewicht sind solche eisernen Ungetüme aus massivem Stahlguß nicht gerade klein und verlangen entsprechend robuste, kräftige und standfeste Seilbagger. Die dynamischen Kräfte, die beim Ausschwingen auf den Bagger wirken, sind enorm

Foto: Leo Helmschrott

Nach einem Bombeneinschlag sähe es kaum anders aus! Doch wirkte hier eine „friedliche" Bombe in Gestalt einer 8-t-Abbruchbirne. Der 75 t wiegende Menck M 250 war ein ausreichend schweres und standfestes Trägergerät, um solche Birnenkaliber in weitem Bogen schwungvoll schleudern zu können. Das jedoch verlangte großes Können des Baggerführers

Foto: Leo Helmschrott

Mit der 10 t schweren Abbruchbirne von BMB Baumaschinen Beyer konnten 400er-Breitflanschträger problemlos durchschlagen und armierte Betonfundamente recyclinggerecht zerschottert werden. Das schafft in so kurzer Zeit weder ein Hydraulikhammer noch ein Betonknacker am Ausleger eines Hydraulikbaggers!

Oben: Wenn Abrißbirnen ins Alter kamen und bereits Tausende Tonnen Ziegel, Beton und Mauerwerk zertrümmert hatten, nagte der Zahn der Zeit durchaus sichtbar: Der Menck M 6, 1970 fotografiert, sah deutlich „frischer" aus als die Birne. Der zwischengehängte Reifen dämpfte den scharfen Ruck, der sonst auf den Ausleger wirkte *Foto: Leo Helmschrott*

Rechts: „Der Aufenthalt im Gefahrenbereich ist verboten!" – Das glaubt man gerne und zügelt seine Neugier, wenn ein Menck Mc 2 mit seiner Abbruchbirne zuschlägt und ein großes Gebäude in erstaunlich kurzer Zeit in Trümmer legt. Es regnet Steine und Betonbrocken, durchaus vergleichbar mit einer Sprengung *Foto: Leo Helmschrott*

zontal betrieben werden. Durch die Long-Front-Hydraulikbagger mit ihren präzisen Arbeitsbewegungen starben solche Werkzeug-Raritäten aus.

HYDRAULISCHE SEILBAGGER

Wie die Raupenfahrwerke, so werden heute auch die Winden der meisten Seilbagger und Raupenkrane hydrostatisch angetrieben. Solche leistungsfähigen Windenantriebe erlauben schnelle Seilbewegungen, auch beim Heben von Greifer oder Abbruchbirne.

Doch nicht alle Seilbagger folgen diesem Antriebskonzept. HBM-Nobas bezeichnet seine beiden 35- und 70-t-Seilbagger UB 35 S und UB 60 S als teilhydraulische Seilbagger. Dahinter steckt ein Antriebskonzept, bei dem die Vorteile von hydraulischem und mechanischem Antrieb kombiniert werden.

Der Fahrantrieb und das Schwenkwerk werden hydraulisch durch vier Axialkolben-Verstellpumpen angetrieben. Die beiden Trommeln des Windwerkes werden dagegen beim Baggerbetrieb mechanisch angetrieben (samt Freifallschaltung), im Kranbetrieb hydraulisch durch einen optionalen Axialkolbenkonstantmotor.

Die Steuerung des Windwerkes erfolgt im Bagger- und Kranbetrieb hydraulisch. Das Ausleger-Windwerk wird hydrostatisch durch einen Axialkolbenkonstantmotor und ein Planetengetriebe mit Lamellenbremse bewegt, das Hilfs-Windwerk durch eine Seilwinde mit Zahnradmotor.

Durch den direkten mechanischen Windenantrieb sind bei den

Beim Abbruch der 1840 erbauten Kokserzeugungsanlage der „Erzbergischen Steinkohlegesellschaft" in Zwickau durfte das 40 m hohe Hauptgebäude wegen unterirdischer Wasser-, Gas- und Stromleitungen nicht gesprengt werden. Deshalb wurde dort ein 57 t schwerer Liebherr HS 843 HD mit 53 m langem Ausleger, Zweischalengreifer und Abbruchbirne eingesetzt

Nobas-Seilbaggern hohe Windenzugkräfte zu realisieren (beim UB 35 S 126 kN, kurzzeitig durch Nutzung des Schwungmomentes bis 180 kN, beim UB 60 S 210 kN und kurzzeitig sogar bis 310 kN). Dank des Schwungmomentes werden Belastungsspitzen durch den gesamten Antriebsstrang hervorragend kompensiert.

Weil die Windenzugkraft daher kurzzeitig über 50 Prozent der Nennzugkraft liegt, eignen sich die Bagger vorzüglich für den Schleppschaufeleinsatz: Hohe Grabwiderstände, beispielsweise durch größere Steine oder härtere Schichtungen, werden mit dem direkten mechanischen Windenantrieb überwunden.

Zudem wird der Einsatzuniversalität durch die Umschaltmöglichkeit auf den optional angebotenen hydraulischen Windenantrieb Rechnung getragen. Dann können die Seilbagger auch als präzise arbeitende Raupenkrane mit allen Vorzügen des hydrostatischen Windenantriebes arbeiten.

Ein innovativer Seilbagger-Raupenkran aus deutscher Produktion bewährte sich 1994 bei einem ausgedehnten Abbruchprojekt. In den achtziger Jahren hatte die Zeppelin GmbH, Sparte Bautechnik, die Produktions- und Vertriebsrechte der Weserhütte-Seilbagger übernommen. Sie wurden damals in erster Linie als Trägergeräte für die Zeppelin-Tiefbautechnik genutzt.

Aus Know-How und Technik der Weserhütte-Seilbagger entstand in den folgenden Jahren ein neuartiges Seilbaggerkonzept, das den Auftakt für eine ganze Baureihe bilden sollte. Erstes Modell war der Zeppelin ZT 400, ein 45 t wiegendes Seilbagger-Trägergerät, das von seinen Ingenieuren mit einer geballten Ladung von Innovationen vollgepackt wurde.

Der vollhydraulische ZT 400 war als Raupenkran und auch Trägergerät für Einsätze im Spezialtiefbau konzipiert, konnte aber auch als echter Abbruchbagger arbeiten. Erfreulicherweise gelangte einer der wenigen Vorserienbagger gleich in einen Abbrucheinsatz, und zwar bei der immerhin rund 700 m langen und fast 300 m breiten Zechenanlage Osterfeld, Schachtanlage 1–3, in Oberhausen. Die gesamte Anlage verschwand in der Rekordzeit von nur sieben Monaten.

Nicht unmaßgeblich beteiligt an dem hohen Abbruchtempo war der ZT 400 mit 33-m-Ausleger. Aufgrund der neuen Konzeption zeigten sich bald interessante Betriebsvorteile: Das 2,6-t-Abbruchgewicht paßte eigentlich mehr für einen Seilbagger der nächstgrößeren Klasse, dennoch stand der Unterwagen wie festgenagelt. Besonders bei weiten Ausladungen wirkten sich die großen Resttragkräfte des ZT 400 aus. Er hob zum Beispiel bei über 30 m Ausladung (mit einem 40-m-Ausleger) mehr als ein konventioneller Raupenkran der 70-t-Klasse.

Die Ursache dafür war im serienmäßigen HD-Unterwagen zu finden, der über ein neuartiges, patentiertes Teleskopiersystem mit Klappholmen zur Spurverbreiterung verfügte. Die Raupen waren von nur 3,2 m Transportbreite auf bemerkenswerte 4,8 m Arbeitsbreite auszufahren, was dem ZT 400 ein extrem hohes Standmoment verlieh. Infolge der patentierten Unterwagenkonstruktion lag der Schwerpunkt des ZT 400 trotz Windenbock sehr tief, was die Standsicherheit weiter erhöhte.

Der Betrachter bemerkte beim ZT 400 auf den ersten Blick eine ebenfalls neuartige Abspannung des Auslegers über einen Windenbock. Er trug – das war absolut neu – zugleich die Winden, die sich nicht mehr innerhalb des Oberwagens befinden. Das brachte mehrere prägnante Vorteile mit sich: Die Auslegerverstellung erfolgte durch einen kräftig dimen-

Schwungvoll flog das 2,6 t schwere Abbruchgewicht durch die Luft, wenn der Zeppelin ZT 400 mit seinen beiden Schwenkmotoren und dem 33-m-Ausleger kraftvoll „ausholte“, um auf der ehemaligen Zechenanlage dicke Fundamente zu zertrümmern

Durch die spezielle Konstruktion des ZT 400 war die rechte Kabinenseite bei hochgestelltem Ausleger völlig frei und konnte im schlimmsten Fall sogar als Notausstieg benutzt werden. Bei den meisten anderen Seilmaschinen wird dies durch den Ausleger versperrt

Stahlgewicht und Seilmaschine gehören zusammen! Gleich wird das 2,6-t-Gewicht mit großer Wucht auf die Betonfundamente treffen. Um sich die hier wirkenden dynamischen Kräfte vorstellen zu können, denke man an eine Angel, mit der ein Stahlgewicht geschleudert wird

Wenn Birne oder Abbruchgewicht aufschlagen, wird der Ausleger schlagartig entlastet und kann dadurch plötzlich hochschnellen. Das müssen Gittermast und Auslegeranlenkung unzählige Male schadlos verkraften können

Bei einem anderen Abbrucheinsatz wurde ein ZT 400 als Raupenkran genutzt. Durch den patentierten Unterwagen mit Klappholmen für 4,8 m Arbeitsbreite und die Auslegerabspannung mittels Hydraulikzylinder und Windenbock erzielte der 45 t schwere Kran bei großen Ausladungen die Tragkräfte eines Seilbaggers der 70-t-Klasse

sionierten, wartungsfreien Hydraulikzylinder mit leckfreien Sperrventilen. Dadurch konnten eine Winde und das mit bis zu 16 Rollen gescherte Auslegerseil entfallen, was die Investitions-, Betriebs- und Wartungskosten beim ZT 400 senkte.

Zusätzlich stand im Oberwagen viel freier Raum zum Einbau größerer Motoren sowie weiterer Hydraulikaggregate und Pumpen zur Verfügung. Außerdem war der neuartige Windenbock für Wartung und Service viel zugänglicher als die normalerweise im Oberwagen angeordneten Windenantriebe. Und schließlich konnten die Meßwerte des Lastmomentbegrenzers über den Hydraulikzylinder nun präziser, einfacher und damit kostengünstiger als über Seile erfaßt werden.

Die Auslegerverstellung ohne Seile, sondern mit dem Hydraulikzylinder, bewirkte, daß es beim Heben und Senken des Auslegers nicht mehr zu Relativbewegungen der Last kam – wichtig bei Feinarbeiten. Ausleger, Windenbock und Abspannung bildeten nämlich jetzt ein „festes“ Dreieck, das über den Zylinder mitsamt allen Winden auf und ab bewegt wurde.

Dank der besonderen Auslegeranlenkung mit Verbolzung am Auslegerfuß war die Seitenscheibe nach rechts hin völlig frei. Dadurch hatte der Baggerführer, falls das Gerät im Extremfall einmal durch abstürzenden Bauschutt verschüttet werden sollte, auch nach rechts eine gute Fluchtmöglichkeit.

Das 2,6-t-Fallgewicht erreichte ungewöhnlich starken Schwung, weil das Schwenkwerk des in Modulbauweise konstruierten ZT 400 für diesen Einsatz statt mit einem mit zwei kräftigen Schwenkmotoren ausgerüstet wurde. Zudem war der ZT 400 hier mit einer Freifall- und einer Kranwinde ausgestattet, doch das mußte nicht so sein: Der Betreiber konnte zwischen vier Freifall- und vier Kranwinden wählen und diese im Windenbock je nach Anforderung – hoher Seilzug, schnelle Seilgeschwindigkeit, kraftschlüssiges Senken – beliebig kombinieren.

Die Bremsen der Freifallwinden liefen im Ölbad und arbeiteten wie die Kupplungen verschleißarm und wartungsfrei. Neben den Winden waren auch die Antriebsmotoren, Hydraulikpumpen und -kreise durch das Baukastensystem maßgeschneidert und daher einsatzspezifisch zusammenzustellen.

Auch die Bedienung des ZT 400 war einfach. Gefahren wurde beispielsweise nur über Handhebel, was komfortabel und präzise war. Und für konservative Baggerführer konnten auf Wunsch auch Ausstattungen nach anderer Bedienphilosophie wie zum Beispiel Fußpedalsteuerungen installiert werden.

LETZTE BASTIONEN DER SEILBAGGER

Obwohl sich Seilbagger mehr und mehr vom Abbruch zurückziehen, wären sie doch dank ihrer zeitgemäßen Technik für derartige Arbeiten geeigneter als früher. Das betrifft in erster Linie den Antrieb, aber auch die elektronische Regelung. So werden die meisten Seilbagger heute, da sie auch als Raupenkrane eingesetzt werden, mit einem Lastmomentbegrenzer ausgestattet.

Die permanente Anzeige des Lastmoments ist mit einer optischen und akustischen Warneinrichtung ausgestattet und mit einer automatischen Abschaltung gekoppelt. Reagiert der Fahrer nicht rechtzeitig, schaltet die Lastmomentbegrenzung Hubvorgänge und Radiusvergrößerung ab und läßt nur noch lastmomentverkleinernde Bewegungen zu. Dadurch wird die Einhaltung der zulässigen Traglasten überwacht und eine hohe Arbeitssicherheit erreicht.

Der hydrostatische Antrieb der Liebherr-Seilbagger mit einer an den jeweiligen Einsatz angepaßten Steuerung erlaubt sogar das Bremsen der Abbruchbirne über die Meisterschalter. Kommt es zu einem unerwarteten Zusammenbruch von Gebäudeteilen, kann der Fahrer mit einer Fußsteuerung des Fahrwerkes den Bagger schnell zurücksetzen und so aus dem Gefahrenbereich bringen.

Trotz aller Vorteile wurden die ehemaligen Meister des Abbruchs, die Seilbagger, inzwischen jedoch fast vollständig abgedrängt. Nur noch selten sind sie mit Birne oder Greifer bei Abbrucharbeiten tätig, denn Hydraulikbagger mit Long-Front-Ausleger reichen ähnlich hoch, können aber zielgerichteter zupacken, selektiv abbrechen, Bauteile herausziehen und Material sortieren.

Als Plädoier für die Seilbagger sei zum Abschluß des Kapitels der Kommentar eines bekannten Praktikers aus Süddeutschland wiedergegeben, der auch heute noch viele Abbrucheinsätze erfolgreich mit schweren Seilbaggern durchführt: „Wenn eine 10-t-Birne aus der Höhe fällt und auf den Boden schlägt, springt eine 10 m entfernt stehende Person fast meterweit in die Höhe. Die Energie, die in Abbruchbirnen steckt, ist sagenhaft. Wenn ich aber

Als größter Abbruchbagger Europas galt für viele Jahre kein Hydraulikbagger, sondern ein 190 t wiegender Hitachi KH 1000 mit 109 m hohem Ausleger. Der Raupenkran wurde weitgehend modifiziert und erhielt eine verstärkte Anlenkung des Auslegers, um seine Abbruchbirne wie ein Seilbagger weit schwingen zu können

Links: So mancher Long-Front-Bagger würde hier scheitern: Ein fast 70 t wiegender Nobas UB 60 S LCV wurde beim Abbruch des Kohlekraftwerkes Bochum-Stiepel mit 48 m langem Hammerkopf-Ausleger, Abbruchgreifer und 2,6-t-Abbruchbirne eingesetzt. Durch den auf 4,4 m Breite verstellbaren Unterwagen stand der Bagger bei allen Arbeiten sehr sicher

Rechts: Seilbagger haben sich zwar aus dem Abbruch weitgehend zurückziehen müssen, haben aber nach wie vor ihre starken Seiten, beispielsweise auch bei Sortier- und Verladearbeiten wie diese Sennebogen-Umschlagmaschine mit weit hochgefahrener Kabine und Elektromagnet fürs Alteisen

Hier hätte ein Long-Front-Bagger kaum mithalten können: Ein Liebherr HS 883 beseitigte 2007 in einem Zementwerk in Efringen-Kirchen ein 52 m hohes Zementsilo und arbeitete dazu mit Auslegerlängen von zunächst 62 m bis hinab zu 38 m. Das in großen Höhen geschleuderte Abbruchgewicht wog beachtliche 8 t. Wegen des instabilen Hanges, wertvoller Kulturdenkmäler in der Nähe und einer angrenzenden ICE-Strecke durfte nicht gesprengt werden

Fotos: Matthias Josef Kraus

sehe, wie jetzt überall ganz oben umständlich mit Abbruchausleger und Betonzange geknabbert wird, bin ich nicht zehn-, sondern mit Sicherheit hundertmal schneller ... !"

Aber das ist keineswegs alles: „Zudem taugen moderne Seilbagger nicht für die 8- und 10-t-Birnen, es wirken zu hohe dynamische Kräfte. Unsere Mencks haben Rollendrehkränze, die sogar nachstellbar waren. Neue Seilbagger haben dagegen Kugeldrehkränze, die solche Kräfte nicht ausreichend aufnehmen. Auch die Windwerke, Raupenfahrwerke und Auslegeranlenkungen sind bei den Mencks robuster und ideal für schwerste Einsätze mit der 8- und 10-t-Birne geeignet."

Zweifellos weisen Seilbagger mit Abbruchbirne beim selektiven Zugriff, beim Sortieren und erschütterungsarmen Abbruch gegenüber Hydraulikbaggern Nachteile auf. Wo diese Faktoren aber keine maßgebliche Rolle spielen, sollten die gravierenden Vorteile der Seilbagger nicht aus den Augen verloren werden: Tatsächlich bleibt die kinetische Energie einer 8 bis 10 t schweren Abbruchbirne unübertroffen. Die Auswirkungen auf Gebäudestrukturen aller Art sind enorm.

Ein immenser Vorteil der Hydraulikbagger ist jedoch die Vielseitigkeit. Während Seilbagger außer beim Abbruch höchstens noch im Spezialtiefbau, der Naßbaggerei oder bei Umschlagarbeiten tätig sind, können Hydraulikbagger auch nach den Abbrucharbeiten vielseitig eingesetzt werden, mit Wechselausleger sogar im Erd- und Tiefbau.

Mit ihrer langen Reichweite eignen sich Seilbagger und Raupenkrane vorzüglich für das Sortieren von Schutt und Altmaterial in bereitstehende Container, hier ein Demag bei der Werft Bremer Vulkan in den achtziger Jahren

HYDRAULIKBAGGER

MIT HYDRAULIK BRICHT SICH'S BESSER

Im jungen 21. Jahrhundert wird kaum ein Abbruchprojekt zu finden sein, bei dem kein Hydraulikbagger tätig ist. Mit großem Abstand gelten Hydraulikbagger heute als die wichtigsten Abbruchmaschinen. Die ganze Palette der Baggerklassen, angefangen bei winzigen Mikrobaggern mit nicht einmal 1 t Gewicht bis hin zu ursprünglich für die Gewinnungsindustrie konzipierten 190-t-Giganten, wird bei Abbrucharbeiten eingesetzt.

Damit hat sich das Baggerbild gewandelt: Was noch vor wenigen Jahrzehnten Ausnahmeeinsätze von Baggern mit Sonderausrüstungen waren, gehört nun zum Abbruchalltag. Die Abbruchunternehmen haben sich längst darauf eingerichtet, viele Ausrüstungshersteller ebenfalls, und seit einigen Jahren in zunehmenden Maße auch große Baumaschinenhersteller.

Dementsprechend entwickelte sich aus den guten, alten „Erdbau-Baggern“ inzwischen eine fast schon eigenständige Maschinengattung, nämlich der „Abbruch-Bagger“. So werden für Abbrucharbeiten auserkorene Hydraulikbagger und ihre Ausrüstungen heute schon oft nicht mehr gemäß der Wünsche des Betreibers „maßgeschneidert“, sondern als normaler Abbruchbagger samt zahlreicher Extras und Ausrüstungen „von der Stange“ bei einem der großen Baggerhersteller gekauft.

Mit ihren großen Reichhöhen und präzisen Ansetzmöglichkeiten der Abbruchwerkzeuge stellen moderne Hydraulikbagger eine äußerst attraktive und auch umweltfreundliche Alternative gegenüber alten Abbruchmethoden mit Fallbirne oder durch Sprengung dar. Oftmals darf der direkt an abzubrechende Gebäude angrenzende Straßen- und Geschäftsverkehr in keiner Weise beeinträchtigt werden, so daß ausschließlich präzise und sichere Abbruchmethoden möglich sind.

Hydraulikbagger der 30- bis 50-t-Klassen im konzentrierten Extremeinsatz: Zur Sanierung der 4000 m langen und 60 m breiten Startbahn Nord des Frankfurter Flughafens wurde die 60 cm dicke Betonschicht in 300 Nachtschichten in Einzelsegmenten abgebrochen und „scheibchenweise“ neu gebaut. Jede Nacht gingen sieben Bagger pünktlich um 22.30 Uhr in Position und zerkleinerten jeweils einen 15 m langen, 60 m breiten Abschnitt mit sieben Krupp-Hydraulikhämmern HM 1500 und HM 2300 (heute Atlas Copco). Nur exakt 90 Minuten durften die Bagger „Rücken an Rücken“ hämmern, dann waren etwa 2000 t Betonschutt zu verladen. Anschließend blieben in jeder Nacht viereinhalb Stunden für das Einmessen, Ebnen, Verdichten des Untergrundes sowie das Aufbringen und Abwalzen des schnell aushärtenden Spezialmischgutes. Weitere eineinhalb Stunden wurden für die Installation der neuen Befeuerung und für Markierungsarbeiten benötigt – und pünktlich konnten stets ab 6.00 Uhr morgens die ersten Jets starten und landen!

Links: Hoch türmen sich oft die Schutt- und Betonberge, die leistungsfähige Hydraulikbagger unverzagt anpacken müssen. Viele, viele Arbeitsspiele waren nötig, bis sich dieser Åkerman EC300 mit seinem drehbaren Betonknacker von Vibra-Ram durch die Betonmassen „gefressen" und sie recyclinggerecht zerkleinert hatte

Rechts oben: Lange vor der Verbreitung der Long-Front-Ausleger begannen Hydraulikbagger wie dieser Poclain 220 CK, den Seilbaggern ihre angestammten Plätze streitig zu machen. Sie arbeiteten präzise und schnell und rissen Gebäudeteile sehr viel gezielter als Seilbagger ab

Rechts unten: Kleinere Abbrucharbeiten übernehmen ohne weiteres auch Mobilbagger mit normalem Monoblockausleger und Tieflöffel, hier 1986 ein Cat 206 aus ehemaliger deutscher Eder-Produktion bei Sanierungsarbeiten in einem baufälligen Stadtteil von Istanbul

Außerdem erlangt der erschütterungsfreie Abbruch zunehmende Bedeutung, besonders im innerstädtischen Bereich. Die allgegenwärtige Elektronik in unseren Stadtzentren verbietet nämlich oft nicht nur Sprengungen, sondern inzwischen auch so manches Mal den Einsatz von Hydraulikhämmern.

Angesichts solcher Parameter sind Hydraulikbagger mehr als willkommen: Sie arbeiten gezielt und selektiv, erzeugen kaum Erschütterungen, sortieren das Abbruchmaterial recyclinggerecht und können mit einer großen Vielzahl unterschiedlicher Anbauausrüstungen den jeweiligen Einsatzbedingungen optimal angepaßt werden. Das gab's bei Abbrucharbeiten noch nie!

AUCH MANCHE BAGGER BRECHEN...

Der Weg hin zum modernen, einsatzoptimierten Hydraulikbagger war nicht nur steinig, sondern auch mit vielen Enttäuschungen und unliebsamen Ausfällen gepflastert. Einerseits bewiesen Hydraulikbagger, anfangs beim Abbruch nur für Neben- und Verladearbeiten herangezogen, schon in den sechziger und siebziger Jahren, was sie besser konnten: Gezielt anpacken und zerstören, Bauwerksstrukturen genau nach Plan abtragen, an beliebigen Punkten kraftvoll ziehen, drücken und schieben – dazu war kein Seilbagger in der Lage.

Aber andererseits brachen dabei nicht nur Gebäude, sondern auch allerlei Bagger. Denn eher als der übliche Baustelleneinsatz sind Abbrucharbeiten nicht selten dem harten Baggerleben im Steinbruch gleichzusetzen, und dafür waren damals herkömmliche Hydraulikbagger noch nicht vorgesehen.

Das änderte sich in den achtziger Jahren: Nun ließen sich findige Abbruchunternehmer vereinzelt die ersten Hydraulikbagger schon vor der

Oben: Früh entwickelten Hersteller wie Liebherr spezielle Abbruchausrüstungen für Hydraulikbagger, die sich von denen der Seilbagger völlig unterschieden. Diese „Aligator-Schrottschere" konnte Stahlprofile von 30 cm Steghöhe durchtrennen

Links: Raupenbagger wie der Volvo EC210B erklimmen mit ihren griffigen und robusten Kettenfahrwerken problemlos steile Schutthalden und arbeiten auch auf bröckelnden Schuttbergen noch sicher. Auch herausragende Armierungen stören nicht

Auslieferung für ihre harten Arbeitsbedingungen von den Herstellern maßschneidern. Das betraf aber nicht nur die Robustheit und Qualität, sondern auch die Ausstattung mit Werkzeugen. Oft zeigte sich nämlich schon nach wenigen Einsätzen, daß ausschließlich mit Tieflöffel oder Hydraulikhammer ausgerüstete Hydraulikbagger ihre Aufgaben nur schlecht und umständlich erledigen konnten.

Heute hat sich das Bild erneut gewandelt: Immer mehr Hydraulikbagger ab etwa 25 t Gewicht gelangen mit überlangen Abbruch-Spezialauslegern (Long-Front-Auslegern) zum Einsatz, und ein schier unüberschaubares Angebot hydraulischer Abbruchausrüstungen steht zum Anbau an diese Ausleger zur Verfügung.

DER MODERNE ABBRUCHBAGGER

Als Basisgeräte werden meist keine Standardbagger mehr verwendet. Vielmehr werden an Unterwagen, Hydraulik, Kabine und anderen Komponenten gleich von Hersteller- oder Händlerseite diverse Modifikationen vorgenommen, damit ein echter Abbruchbagger nicht schon bald schlapp macht.

Abbruchbagger sind die Schlüsselgeräte schlechthin. Ein überraschender und tagelang nicht zu behebender Ausfall kann schlimme Folgen haben. Denn a) ist eine ebenso spezialisierte Ersatzmaschine in der Regel nicht ohne weiteres verfügbar, b) steht das Abbruchvorhaben oft am Beginn einer sich schnell abspulenden Terminkette, und c) können mehrere Folgeeinsätze ins Wanken geraten, die heute ja stets knapp kalkuliert werden, um für die teuren Abbruchbagger eine genügende Auslastung zu sichern.

Deshalb gehen viele Abbruchunternehmen oder auch Maschinenvermieter bei Abbruchbaggern so wenig Kompromisse wie möglich ein. Dazu gehören oft auch weitgehende Modifikationen, denn wie jede Spezialmaschine müssen auch Abbruchbagger eine Vielzahl einsatzspezifischer Parameter erfüllen. Zu den wichtigsten Veränderungen zählen häufig besonders standfeste Unterwagen, umfassende Schutzmaßnahmen für die Kabine, schwerere Gegengewichte sowie längere, hoch- und weitreichende Abbruchausleger.

Für den Abbruch drei- und viergeschossiger Gebäude wie 1993 bei der Wohnsiedlung Dhünnaue, einem der damals größten deutschen Altlast-Sanierungsprojekte, genügen normalerweise Raupenbagger der 20- bis 30-t-Klassen so wie dieser Cat 235C mit Standardausleger und Tieflöffel

Größter Vorteil der Hydraulikbagger beim Abbruch ist ihr gezieltes Zupacken: Ein Komatsu PC 210 LC „knackte" mit einer Krupp-Betonzange AZ 1100 insgesamt 36 Kranbahnstützen von jeweils 0,2 x 1,2 m Größe und 11 m Höhe, ohne aber dabei die Betonplatten des Lagerplatzes zu beschädigen

Besonders emsig werden Hydraulikbagger dort im Abbruch, wo es Schuttmassen zu räumen und zu verladen gibt. Ein 35-t-Bagger Demag H 35 übernahm beim Abbruch eines fünfstöckigen Gebäudes in Düsseldorf mit 18 000 m^3 umbauten Raumes die komplette Schuttverladung

Manchmal werden zur Verladung großer Schuttmengen auch schwere Baggerkaliber herangezogen, hier beispielsweise ein amerikanischer Insley H 3500 C mit 59 t Gewicht, 9,1 m Grabtiefe, 12,9 m Reichweite und 400 PS starkem 2-Takt-Motor von Detroit Diesel

Foto: Urs Peyer

Immer beliebter werden zudem wechselbare Auslegersysteme, damit die Bagger sowohl beim Abbruch als auch im normalen Erd- und Tiefbau oder in der Gewinnungsindustrie arbeiten können, zum Beispiel bei der Abraumförderung. Hinzu kommen Transportoptimierungen, um Abbruchbagger möglichst schnell und ohne große Demontagen mit dem Tieflader verfrachten zu können.

Die meisten Abbruchbagger verfügen heute über einen umfassenden Kabinenschutz samt Panzerglas. Ein Gitter vor dem Frontfenster reicht keineswegs. Dach und möglichst auch Heckfenster können ebenfalls geschützt sein. Neuere Abbruchbagger werden oft werksseitig mit einer hochfahrbaren und um etwa 30 Grad neigbaren Kabine ausgestattet, damit der Fahrer beim Bedienen des Arbeitswerkzeuges weit oben am Long-Front-Ausleger nicht stunden- und tagelang seinen Kopf verkrampft im Nacken halten muss. Bei sehr hohen Auslegern werden deshalb auch Kameras mit einem Montitor in der Kabine verwendet.

Bei anderen Abbruchbaggern kann stattdessen nur eine Kombination aus Fahrersitz und Konsole nach hinten gekippt werden, damit keine Gegenstände durch die Kabine kullern. Zur besseren Sicht nach oben wird das Sicherheitsglasdach mit einer Wisch-Wasch-Anlage ausgestattet. Eine solche Kabine oder ein solcher Sitz tragen maßgeblich zur Verbesserung der Ergonomie bei, mehr als Joysticks und Klimaanlage.

Weil sich für die zumeist nur kurzfristig mit wenigen Mitarbeitern und Maschinen anrückenden Abbruchunternehmen der Aufbau von Baubüros oder -containern nicht lohnt, kommen einige Abbruchunternehmer auf eine findige Lösung: Der Bagger wird mit Mobiltelefon oder Sprechfunk ausgestattet und dient somit als zentrale Anlaufstelle des Abbruchunternehmens auf der Baustelle. Zudem kann der Baggerführer die Betriebsleitung jederzeit über eventuelle Probleme und den Abbruchfortschritt informieren. Im Zeitalter der „Handys“ ändert sich dies bereits wieder, denn nun kann jedermann jederzeit mit der ganzen Welt sprechen …

WER KIPPELT, SOLLTE NICHT ABBRECHEN

Neben der Abbruchausrüstung beeinflußt ein wichtiger Aspekt maßgeblich die Einsatztauglichkeit: Die Standfestigkeit oder auch Tragfähigkeit des Abbruchbaggers. Bei der Ermittlung der Standfestigkeit reicht der kurze Blick ins Datenblatt oft nicht aus, denn nicht immer werden bei der zulässigen Trag- beziehungsweise Hublast Sicherheitsfaktoren berücksichtigt, beispielsweise 75 Prozent.

Die im Abbruch eingesetzten Bagger sollten über große Hub- und Tragkräfte bei genügender statischer und dynamischer Standsicherheit verfügen. Beim „Anknabbern“ und Ziehen fest sitzender Gebäudeteile werden Abbruchbaggern außerordentliche Kräfte abverlangt.

Außerdem stehen Raupenbagger bei Abbrucharbeiten oft ziemlich wacklig, manchmal sogar auf geneigten, bröckelnden Schutthalden. Nicht selten rutschen angesetzte Hydraulikhämmer und Betonzangen plötzlich ab, so daß die Standsicherheit der sowieso schon unsicher stehenden Maschine mit beträchtlichen dynamischen Kräften arg belastet wird – und der Bagger sogar umkippen kann.

Bei Abbruchbaggern ist es daher wichtig, wo sich beim Ermitteln der Traglasten die Kippkante befindet. Auf festem Untergrund wie Beton oder Asphalt bildet schon die erste Laufrolle des Raupenunterwagens die Kippkante in Längsrichtung, im Erdreich sind es hingegen Umlenkrolle oder Turas. Grundsätzlich steht ein Bagger auf Bauschutt aber wesentlich unsicherer, was besonders beim Einsatz sehr hoher Long-Front-Ausleger berücksichtigt werden muß.

Wo früher Seilbagger ihre Abbruchbirnen wie Bomben einschlagen ließen, zeigten Hydraulikbagger in den siebziger und achtziger Jahren, wie dies mit hydraulisch betätigten Werkzeugen, hier ein endlos drehbarer Betonbeißer an einem Dresser-Bagger (früher International), gezielter und selektiver vorgenommen werden kann

Foto: Urs Peyer

„Wer diesen Kampf gewinnt, steht von vornherein fest: Ein 30 t wiegender Volvo-Bagger EC290B NLC richtet mit sattem Brummen eine riesige Schrottschere auf etwas betagt aussehende S-Bahn-Wagen. Stahl kreischt auf, nichts widersteht den mehr als 7000 kN Schneidkraft des sich weit öffnenden Scherenmauls", berichtete die Fachpresse.

Weiter hieß es: „Der Volvo-Bagger mit fest angebauter Schrottschere packt so gewaltig zu, daß sich die Zerlegung alter S-Bahn-Waggons drastisch verkürzt. Schon nach wenigen Minuten klaffen in Dach und Seiten eines Wagens große Löcher. Bald darauf wird bereits der stabile Grundrahmen in Angriff genommen, bis die Drehgestelle frei liegen. Was der Volvo-Raupenbagger hier auf dem Betriebsgelände des Werkes Ohlsdorf der Hamburger S-Bahn leistet, ist auch für die Redaktion beeindruckend, die doch schon bei zahllosen Einsätzen mit dabei war."

Im Werk Ohlsdorf werden sämtliche Fahrzeuge der Hamburger S-Bahn regelmäßig auf Herz und Nieren geprüft, gewartet und instandgesetzt. Rund 240 Mitarbeiter sorgen dort im Schichtbetrieb rund um die Uhr dafür, daß die S-Bahn-Züge bei täglich über 1000 Fahrten durchschnittlich eine halbe Million Fahrgäste sicher befördern können.

Oben: Kaputtmachen mit System: Der Volvo EC290B NCL beschleunigt mit seiner mächtigen, direkt an den Monoblockausleger angebauten Schrottschere das bislang umständliche Zerlegen der zwischen 30 und 48 t wiegenden S-Bahn-Wagen

Unten: Was früher zwei Arbeiter in fünf Tagen schafften, zerschnitt der Volvo EC290B NLC an weniger als einem Tag. Hier hatte sich der sanfte Zerstörer bereits bis zum Waggonrahmen durchgearbeitet und knackte gerade unaufhaltsam zentimeterdicke Träger

Aufgrund der intensiven Nutzung von täglich 400 bis 800 km Fahrstrecke müssen ältere Fahrzeuge gegen neue ausgetauscht werden. Die alten Wagen und Triebköpfe werden „entkernt", Inneneinrichtung und Sitze ausgebaut, und gehen als Schrott zurück in die Stahlproduktion. Das Container-gerechte Zerschneiden und Verladen übernimmt der Volvo EC290B NLC mit seiner gewaltigen Schrottschere.

Abbruchbagger mit „Fahrstuhl"

Der EC290B NLC wurde für diese und ähnliche Einsätze „maßgeschneidert". Einer der Sonderwünsche des Betreibers war die hydraulisch auf 5,5 m Augenhöhe hochfahrbare Kabine. Einige andere Baggerfabrikate konnten solche Kabinen für einen 30-t-Bagger nicht anbieten, Volvo hingegen lieferte eine spezielle, praxistaugliche Konstruktion für den „Fahrstuhl".

Durch die hochfahrbare Kabine hat der Baggerfahrer optimale Sicht. Das spart viel Zeit beim präzisen Ansetzen der Schere. Die ausgeklügelte Volvo-Konstruktion hält die Kabine auch in 5,5 m Blickhöhe ruhig

Kurz vor dem endgültigen „Zerbeißen" hebt der Bagger ein tonnenschweres Drehgestell von den Schienen, um es in Container-gerechte Stücke zu zertrennen. Trotz des schmalen NLC-Laufwerkes arbeitet der EC290B standsicher, auch wenn die 4,5-t-Schrottschere weit vom Drehkranz des Baggers entfernt zupackt

Durch die besondere Parallelführung bleibt die Kabine auch weit oben völlig ruhig und gerät nicht ins Vibrieren. Bei dem Baggervorläufer des Unternehmens schüttelte die Kabine manchmal so stark, daß sogar ein paar Mal Scheiben rausfielen.

Der EC290B erwies sich trotz seines schmalen NLC-Laufwerks als sehr standsicher, auch wenn die 4,5-t-Schrottschere mal weit vom Drehkranz des Baggers entfernt auf der anderen Waggonseite zupackte. Stets führte der Bagger die mächtige Schere ruhig und souverän am Ausleger. Der NLC-Unterwagen vereinfacht mit nur 2,99 m Gesamtbreite nicht nur das Manövrieren auf dem engen Gelände, sondern auch den Transport auf dem Tieflader.

Produktivitätssteigerung über 90 Prozent

Bislang wurden die entkernten Mittel- und Triebwagen mit Schneidbrennern zerlegt. Pro Wagen benötigten zwei Arbeiter durchschnittlich fünf Tage, also eine Arbeitswoche. Die ersten Einsatztage mit dem Volvo-Bagger zeigten, daß sich das nun auf deutlich weniger als einen Tag reduziert – mit nur einer Person, die den Bagger bedient. Zudem wird der Schrott gleich in Container verladen, die zum Abtransport bereit stehen.

Das entspricht einer immensen Produktivitätssteigerung von über 90 Prozent, die Schrottverladung nicht einmal mit eingerechnet! Außerdem erübrigt sich durch das mechanische Zerlegen mit dem Bagger das gesamte Schneidbrennen samt aller erforderlicher Sicherheitseinrichtungen und aufwendigem Brandschutz.

Die gewaltige, immerhin fast 3,5 m lange Schrottschere ist nicht am Auslegerstiel, sondern direkt am Monoblockausleger des Volvo-Baggers angelenkt. Dadurch kann sie nicht nur die großen Schneidkräfte aufbringen, sondern auch während des „Zubeißens" tonnenschwere Stahlteile heben, zur Seite legen und in Container laden. Durch den direkten Anbau der Schere an den Ausleger wird die Standfestigkeit des EC290B NLC nicht eingeschränkt.

Die feinfühlige Steuerung des Baggers ermöglicht in allen Auslegerpositionen das präzise Ansetzen der Schere. Dank der Leistungsreserven des EC290B NLC fordert der maximale Betriebsdruck von 350 bar beim Schließen der Schere und der hohe Ölvolumenstrom von 300 l/min die Baggerhydraulik kaum. Der 195 PS starke Volvo-Turbodiesel summt immer gleichmäßig, da er sein höchstes Drehmoment schon bei sehr niedriger Drehzahl von nur 1400 U/min erbringt. So „bricht" dieser Volvo-Bagger zwar keine Mauern und Gebäude, aber erfolgreich vielbenutzte Waggons, und trägt damit erheblich zur Humanisierung der Arbeitswelt bei.

RICHTIGES KAPUTTMACHEN WILL GELERNT SEIN

Wird für ein Abbruchvorhaben auch ein noch so guter und perfekter Hydraulikbagger herbei transportiert, nützt das nicht viel: Dem Bagger fehlt das geeignete Werkzeug zum Kaputtmachen. Herkömmliche Baggerausrüstungen wie Tieflöffel, Grabenräumschaufel oder Greifer haben sich bei Abbrucharbeiten kaum bewährt, obwohl viele alte Seilbaggergenerationen sich auch beim Abbruch mit Tieflöffel und Greifer abmühen mußten – mangels besserer Werkzeuge.

Heute hat sich die Situation jedoch gewandelt: Gefragt sind Betonzangen, Pulverisierer, Hydraulikhämmer, Betonknacker, Fräsen und Stahlscheren, und gerade solche Werkzeuge können nicht (oder nur höchst ungenau) vom Seilbagger geführt werden. Hier trumpft der Hydraulikbagger mit seinem exakt zu bewegendem Ausleger auf.

Und gerade dieser Ausleger „hat's in sich" und ist für die besonderen Belange der Abbruchbranche wahrhaft ideal. Denn Hydraulikbagger sind aufgrund ihrer Konzeption die einzigen größeren Maschinen, die mit ihrem „Arm" unter Krafteinwirkung in allen drei Dimensionen auf, über und unter Standniveau in allen Richtungen im gesamten 360-Grad-Drehbereich heben, schieben, ziehen und drücken können.

Damit ähneln die Ausleger von Hydraulikbaggern in ihrer Bewegungsart in starkem Maße dem menschlichen Arm. Dies führte dazu, daß anstelle des anfänglich in den fünfziger und sechziger Jahren nur vorgesehenen Tieflöffels, Hochlöffels oder Greifers immer mehr Anbauwerkzeuge an diesem ebenso starken wie präzisen „Arm" genutzt werden.

Aber für all diese Werkzeuge und deren Bewegungen wird Kraft benötigt. Die liefert jedoch nicht nur der Motor, sondern ein komplexes, aus mehreren Pumpen, Hydromotoren, Hydraulikzylindern und zahlreichen Ventilen bestehendes Hydrauliksystem. Deshalb ist die hydraulische Leistung des Baggers ein äußerst wichtiges Kriterium für einen erfolgreichen Abbrucheinsatz. Sie entscheidet schließlich direkt darüber, wie langsam oder schnell der „Beißer am langen Arm" bewegt werden kann und darf.

Die Hydraulikleistungen müssen ausreichen, um überlange Ausleger mit einer größeren Zahl von Hydraulikzylindern als Standardausleger und verschiedene Abbruchausrüstungen im Dauerbetrieb nutzen zu können. Zudem müssen die langen Ausleger und schweren Werkzeuge ständig bewegt werden, was nicht allzuviel Zeit benötigen sollte.

Damit die unterschiedlichsten Abbruchwerkzeuge am Hydraulikbagger optimal einsetzbar sind, wird der zusätzliche Hydraulikkreis für Anbauausrüstungen manchmal auf Einrohrleitungssysteme umgerüstet. Dadurch

Große Schrottscheren, hier eine Cleaver CL 500 R für 500 t Schneidkraft an einem 70-t-Bagger 300 CK von Poclain, gehörten zu den ersten Abbruchwerkzeugen, die anstelle des Löffelstiels direkt an den Monoblockausleger montiert wurden. Die Schere trennte I-Stahlträger mit Steghöhen bis zu 900 mm

Werden Schrottscheren direkt am Monoblockausleger montiert, kommen oft schwerste Bagger als standfeste Trägergeräte zum Einsatz. Dieser 61 t wiegende FMC Link Belt LS 6400 von 1979 hatte allerdings, wie damals so mancher amerikanische Hydraulikbagger, Probleme mit seiner komplexen „Speed-o-Matic"-Hydraulik samt integriertem Druckspeicher

Foto: Urs Peyer

Nicht nur konventionelle Hydraulikbagger, sondern auch spezielle Umschlagmaschinen wie dieser Terex Fuchs MHL 350 lassen sich mit großen Schrottscheren direkt am Industrieumschlag-Ausleger ausstatten. Die Genesis-Schere ist drehbar, was das schnelle und genaue „Durchbeißen" sehr erleichtert

Durch die Übernahme des niederländischen Ausrüstungsherstellers Verachtert konnte Caterpillar eine eigene Serie von Abbruchwerkzeugen in sein Produktprogramm einreihen, so diese endlos drehbare Schrottschere S385B im Direktanbau am Monoblockausleger

Wenn große Bagger, hier ein 45,4 t wiegender JS 460 von JCB, mit einem 2,6-m^3-Löffel „kraftvoll zubeißen“, bleibt kein Stein auf dem anderen, und jedes auf übliche Weise errichtete Gebäude muß in kürzester Zeit weichen. Die immense Kraft der Hydraulik wurde ja ursprünglich vorgesehen, um den Tieflöffel durch festen Boden ziehen zu können – dagegen sind Mauern wie Butter!

Mit 188 t Gewicht dürfte der Liebherr R 994 zu den schwersten Abbruchbaggern der Welt zählen. Statt des Löffelstiels wurde die größte Schrottschere der Welt, eine 28 t wiegenden MSD 142 von LaBounty, direkt an den Monoblockausleger montiert. Die 10 m hohe Schere klappt ihr Maul 1,65 m weit auf und erzeugt 3200 t Scherkraft. Der Bagger arbeitete beim Abbruch des Kraftwerkes einer stillgelegten Steinkohlezeche. Nachfolgend räumte und verlud der R 994 mit normalem Stiel und Abbruchlöffel bis zu 40 t wiegende Betonklötze

Nicht immer muß ein Bagger mit Long-Front-Ausleger anrücken. Bei geschickter Vorgehensweise genügt oft auch die Reichweite und -höhe des Monoblockauslegers. Der Liebherr R 954 Litronic muß daher an die Wechselvorrichtung seines Auslegers hier keinen Long-Front-Ausleger ansetzen, um seine Montabert-Betonzange DA580RB ansetzen zu können

Im Frühjahr 2007 deckte der Orkan Kyrill das Dach des historischen Bahnhofs im münsterländischen Appelhülsen ab und wehte es bis auf die hinter dem Bahnhof verlaufenden Gleise. Das Gebäude mußte abgerissen werden, was ein Terex Atlas TW 160 übernahm. Der Fahrer griff zu einem geschickten Trick, um die Reichweite von 9,2 m zu vergrößern: Mit dem Sortiergreifer wurde ein langer Holzbalken gegriffen und so die Fassade von oben nach unten abgebrochen

Oben: Ein beliebtes Verfahren, um Höhe zu gewinnen, ist das Aufschütten von Schuttrampen. Dieser Cat 320CL der Cuxhavener Firma Baran wird mit zahlreichen Werkzeugen wie Abbruch-Sortiergreifer, Universalschere, Hydraulikhammer, Tieflöffel eingesetzt, wobei die Reichweite des Standard-Monoblockauslegers bei geschickter Vorgehensweise genügt

Rechts: Wichtig bei vielen Abbrucharbeiten sind die Hubkräfte und sicheren Traglasten des eingesetzten Hydraulikbaggers. Der bärenstarke Åkerman EC300, damals bereits zur VME-Gruppe gehörend (Volvo-Michigan-Euclid), hantierte problemlos mit den tonnenschweren Betontrümmern großer Gründungspfähle und konnte dazu einfach mit seinem Tieflöffel arbeiten

Ein Autokran steht bereit, der 22-t-Bagger wird gerade angeschlagen. Ohne „Höhenflug" mit einem Kran hätte der Bagger die Dachplattform in 35 m Höhe nicht erreichen können, um einen wahren Koloß aus Stahlbeton, eine Mühlenanlage in Pill in Tirol, abreißen zu können. Dazu biß sich der Bagger mit einer Wimmer Topcut 550 von oben nach unten durch. Das Gesamtgewicht konnte durch die Verwendung der Wimmer-Zange gering gehalten werden, damit der Bagger nicht einbrach kann in der Fahrerkabine auf Hammer-, Betonknacker-, Scheren- oder normalen Löffelbetrieb umgeschaltet werden. Mit besonders robusten und eigens für den Abbrucheinsatz bestimmten Schnellwechseleinrichtungen sind verschiedene Werkzeuge wie Kombischere, Hydraulikhammer oder Betonknacker in kurzer Zeit ausgetauscht.

Eine vergleichsweise einfache Lösung, die Reichweite eines Hydraulikbaggers zu vergrößern, ist das Montieren eines längeren Löffelstiels, hier an einem Atlas 1704 LC beim Abriß eines alten 110-kV-Umspannwerkes in Wuppertal-Ronsdorf. Dort waren 30 000 m³ umbauten Raumes, teils bis zu 25 m hoch, abzubrechen

Angesichts der brachialen Kräfte von Abbruchwerkzeugen ist es immer wieder erstaunlich, wie feinfühlig und präzise die Hydraulik zufassen kann. Der Abbruch-Sortiergreifer G310B aus Caterpillars Baureihe „Work Tools" greift sicher einen Träger. Dank Mobilbagger-Basis kann das Werkzeug schneller als mit einem Raupenbagger an verschiedenen Stellen angesetzt werden

Selten sind lange Monoblockausleger zur Vergrößerung der Reichweite, zum Beispiel hier an einem 28-t-Bagger Case Poclain 1288. Zum Zerkleinern von Stahlbetonelementen beim NVA-Kasernenabbruch in Berlin erhielt er einen eigens für diesen Auftrag konzipierten, 6,7 m langen Monoblockausleger, der zudem auch für die Aufnahme eines langen Löffelstiels vorgesehen war

Da Hydraulikbagger mit Standardausleger erheblich größere Tragkräfte erzielen als mit hohem Long-Front-Ausleger, können die Werkzeuge entsprechend groß und schwer sein. Der Kobelco-Bagger trägt einen 12 t wiegenden, an einen besonders robusten Schnellwechsler montierten „Nibbler" von Kobelco für bis zu 1,8 m dicke Betonstrukturen

Vor großen Abbruchobjekten wie hier einer Stahlwerkshalle der Westfalenhütte in Dortmund wirken Abbruchmaschinen oft recht klein. Doch bringt der Liebherr R 984 C HD Litronic 120 t auf die Waage; sein Cummins-Motor leistet 710 PS, um die 10,2 t schwere Abbruchschere VTC 70 in bis zu 15 m Arbeitshöhe zum Zerschneiden der Stahlkonstruktionen zu bewegen. Der Bagger arbeitete hier auch mit 5,2-m^3-Tieflöffel und 2,8-t-Reißzahn. Rund 11 000 t Schrott fielen an

Aufgerüstet wiegt der Abbruchbagger PMI 150 „Superlong Demolition" der italienischen Firma C.M.O.2 mit 53 m hoch reichendem Long-Front-Ausleger bis zu 150 t, hier mit kurzem Ausleger am Wechselfuß für bis zu 13 t schwere Abbruchwerkzeuge. Sein Ausleger ist für flexible Einsatzgestaltung bis hin zum Tieflöffelbetrieb für 8,4 m Tiefe modular aufgebaut: 6,15 m Grundausleger, 10,4 und zwei 5 m lange Mittelteile, dreiteiliger 23,5-m-Faltausleger. Mit 6 m^3 fassendem Tieflöffel reicht der PMI 150 maximal 18 m weit und 8,4 m tief. Bemerkenswert sind auch die drei Ausleger-Hubzylinder in geschützter Anordnung und der extrem breite Unterwagen

Die Bagger, die für Abbrucharbeiten modifiziert werden, sind oft eher für Steinbrüche und Tagebau vorgesehen als für den Erd- und Tiefbau. Dieser 80-t-Bagger Hitachi Zaxis 850 wird von der englischen Firma Kocurek umgerüstet, um einen UHR-Ausleger (Ultra High Reach) für 40 m Reichhöhe oder 20 m Reichweite zu erhalten. Der Ausleger kann jederzeit gegen einen Erdbauausleger getauscht werden

Wesentliche Modifikationen werden nicht nur an Unterwagen und Hydrauliksystem der Bagger vorgenommen, sondern auch am Fahrerhaus. Dazu gehört besonders der umfassende Fahrerschutz durch stabile Gitter, oft auch Panzerglas, an der Front- und Dachscheibe. Oft müssen auch zusätzliche Schalter und Tasten für die Werkzeugfunktionen installiert werden

Bei geschickter Planung lassen sich speziell umgebaute Hydraulikbagger äußerst vielseitig für den Abbruch nutzen. Die Firma Aregger aus der Schweiz setzt mehrere Komatsu PC 650 SE-5 mit „Multipurpose"-Ausrüstung (Mehrzweck) ein. Dazu gehören unterschiedlich lange Ausleger, FRD-Hydraulikhammer HB 100 GLS, Atlas Copco-Stahlschere CC 2100 S, Tieflöffel und ein 1000-l-GFK-Wassertank (wie aus der Landwirtschaft) auf dem Oberwagen. Außerdem verfügen die Bagger über ein besonderes Partikelfiltersystem für die Hydraulik

Fotos: Matthias Josef Kraus

Mobilbagger werden nur selten mit schweren Abbruchwerkzeugen eingesetzt. Ihr Vorteil ist das große Tempo beim Ansteuern wechselnder Arbeitsplätze, hier ein Case Poclain 888 mit angebautem Betonknacker beim Vorzerkleinern des Bauschuttes, mit dem anschließend die Recyclinganlage (rechts) beschickt wurde

Manche Bagger könnten abbrechen und tun es doch nicht: Zur Präsentation einer neuen Baggerserie zeigte der koreanische Hersteller Doosan (früher Daewoo) den DX255LC vor einem Abbruchhaus. Wer genau hinschaut, erkennt eine alte Ruine, um dessen schon lange herumliegenden Bauschutt bereits Gras wächst, auch an der Dachkante sprießt es grün, der Fahrer blickt wartend zur Seite, und der Löffel ist absolut unzerkratzt …

Wo der Fahrer dieses Terex TW 160 fürchten muß, die Reifen an Armierungen und scharfen Schuttkanten zu zerschneiden, kann ein Raupenbagger furchtlos eingesetzt werden. Doch bewegt sich der Mobilbagger schneller auf dem Gelände und kann daher verschiedene Aufgaben mit ständig wechselnden Anbauwerkzeugen zügiger erledigen

In Europa so gut wie nie, in den Vereinigten Staaten noch recht häufig werden Abbrucharbeiten mit Teleskopbaggern durchgeführt. Der legendäre G-660 von Warner & Swasey fährt auf eigenen Achsen zum Einsatz, begnügt sich mit einer Fahrspursperrung (abgesehen vom Hecküberhang des Oberwagens) und reicht mit seinem Teleskopausleger 5,4 m hoch und 8,9 m weit. Das ist für viele Abrißarbeiten völlig ausreichend *Fotos: Urs Peyer*

BETONABBRUCH 14 M UNTER WASSER

Wie ausgeklügelt und vielfältig der Baggereinsatz bei Abbrucharbeiten sein kann, veranschaulicht ein Projekt in Bremerhaven. Dort übernahm ein 95-t-Bagger mit speziellen Auslegerteilen, zwei Schnellwechslern und sechs verschiedenen Ausrüstungen den komplizierten Abbruch einer Schleusenanlage.

Manchmal gibt es außergewöhnliche Abbruchprojekte, bei denen herkömmliche Abbruchbagger nicht genügen, aber auch hoch reichende Long-Front-Bagger nichts ausrichten können. Die 1934 erbaute Schleuse, die den Bremerhavener Fischereihafen gegenüber Ebbe und Flut betriebsfähig hielt, sollte für die Durchfahrt auch größerer Frachtschiffe um 5 m verbreitert werden.

Dazu waren – unter stetigem Schleusenbetrieb – auf einer Schleusenseite rund 15 000 m^3 (feste Masse) Beton abzutragen. Weil die Schleusenkammer ständig gefüllt war, mußten 80 Prozent der Betonmasse unter Wasser in Tiefen von bis zu 14 m abgebrochen werden. An der stärksten Stelle, der Basis der seitlichen Schwergewichtsmauer, wies der Beton eine Dicke von 11,25 m auf!

Zur Schleusenverbreiterung in Bremerhaven wurde dieser modifizierte Cat 375 eingesetzt, der über zahlreiche besondere Ausrüstungsmerkmale verfügte und mit fünf unterschiedlichen Abbruchwerkzeugen arbeitete, hier die 2,8 t schwere Fräse

Der Bagger mußte bei 17 m Reichweite (von Mitte Drehkranz) noch in 14 m Wassertiefe mit Hydraulikhammer, Fräse und Reißzahn massiven Beton abbrechen können. Das erforderte eine sorgfältig geplante Spezialausrüstung

War dicht am Bagger zu arbeiten, wurde die 5,5-m-Stielverlängerung vom Schnellwechsler abgenommen und ein anderes Werkzeug wie der Hammer angebaut. Die Ölmenge von 450 l/min wurde von der Load-Sensing-Hydraulik mit proportionaler Durchflußverteilung, Druckabschneidung und Grenzlastregelung geliefert

Die 5,5 m lange Stielverlängerung des Baggers wurde an den Schnellwechsler des Abbruch-Löffelstiels angebaut und trug vorne einen baugleichen Schnellwechsler. So konnten die fünf Abbruchwerkzeuge jederzeit an den 7-m-Stiel oder an die 5,5-m-Stielverlängerung montiert werden

Links: Nur anhand eines Modells lässt sich veranschaulichen, welche Dimensionen der Schleusenabbruch aufwies: Das auf der Schleusen-Torkammer stehende Baggermodell im Maßstab 1:50 passt in seiner Größe zu den massiven Betonstrukturen, die zu entfernen waren!

Rechts: Die Verriegelung der beiden Schnellwechsler wurde im Fahrerhaus ebenso angezeigt wie die korrekte Belüftung des unter Wasser arbeitenden Hydraulikhammers durch ein Druckluft-Manometer (oben rechts). Sank der Luftdruck, schaltete eine Automatik den Hydraulikhammer ab

Deshalb wurde ein schwerer, erheblich modifizierter Caterpillar-Raupenbagger 375 mit einer ganzen Palette unterschiedlicher Abbruchausrüstungen eingesetzt. Gegenüber der 77 bis 83 t schweren Standardversion wog der Cat 375 hier aufgerüstet bis zu 96 t. Wichtiges Merkmal des Baggers war ein hydraulischer Lehmatic-Schnellwechsler an einem 7-m-Löffelstiel, an den sechs unterschiedliche Arbeitsausrüstungen anzusetzen waren.

Länger mit zweitem Schnellwechsler

Eine dieser Ausrüstungen war eine 5,5 m lange Stielverlängerung, mit der der Cat 375 in 14 m Wassertiefe arbeiten konnte – und das bei 17 m Reichweite von Mitte Drehkranz. Die Stielverlängerung wurde über den Schnellwechsler an den Abbruch-Löffelstiel angebaut und trug vorne einen baugleichen Lehmatic-Schnellwechsler. Dadurch konnten alle Abbruchwerkzeuge jederzeit sowohl am Standard-Löffelstiel als auch an der Stielverlängerung betrieben werden, was für eine große Einsatzflexibilität sorgte.

Als Abbruchwerkzeuge standen hier ein 5-t-Hydraulikhammer HM-2500 Marathon, je ein 1,5 m^3 fassender Fels- und Gitterlöffel, ein Reißzahn für 371 kN Losbrechkraft sowie eine um 90 Grad drehbare und 2,8 t schwere Hydraulikfräse ETH50 mit 750 mm Schneidkopfdurchmesser und 1500 mm Schneidkopfbreite zur Verfügung.

Zur Baggerausrüstung gehörten auch so ungewöhnliche Details wie ein zusätzlich installierter Kompressor und Druckluftleitungen entlang des Auslegers, um den Schlagraum des Hydraulikhammers beim Unterwasserabbruch mit 2,2 bis 2,4 bar Luftdruck ausreichend belüften zu können. Der korrekte Luftdruck wurde im Fahrerhaus mittels Manometeranzeige überwacht. Wäre der Druck unbemerkt gesunken, hätte eine Sicherheitsautomatik den Hydraulikhammer abgeschaltet.

Der Abbruch wurde zur vollen Zufriedenheit termingerecht durchgeführt. Im oberen Bereich wurde der Schleusenbeton vornehmlich mit dem Hydraulikhammer entfernt, im Unterwasserbereich war dies jedoch nur begrenzt möglich: Rauhe Betonkegel wären für den Schleusenbetrieb zu gefährlich gewesen, so daß in den unteren Bereichen meist mit der Fräse gearbeitet wurde.

Wenn der Hammer tief im Wasser den Beton brach, geschah an der Oberfläche nicht viel. Spektakulär spritzte das Wasser jedoch, wenn der Hammer oder eine andere Ausrüstung mit Schwung eingetaucht wurde, um sich einen neuen Ansatzpunkt zu suchen

Anbau-Hydraulikfräsen bewähren sich überall dort, wo ungewöhnlich dicke und feste Betonstrukturen abzubrechen sind, beispielsweise beim erschütterungsfreien Bunkerabbruch mit einem O&K RH 20 PMS (PMS stand für Pump Management System, eine fortschrittliche Hydrauliksteuerung) und einer Eickhoff-Fräse mit Einzelkopf

In den letzten Jahrzehnten entwickelten sich Hydraulikbagger immer vielfältiger. Sie wurden von reinen Erdbaumaschinen zu spezialisierten Umschlagmaschinen, zum Beispiel für Industrie, Häfen und Holzwirtschaft, zu robusten Hochleistungs-Bergbaubaggern für höchste Förderleistungen oder gar zu kompakten Tunnelbaubaggern mit Sonderauslegern.

Denkbar wäre es daher, daß es in einigen Jahren auch Baureihen spezieller Abbruchbagger geben wird. Die ersten Ansätze dazu sind längst vorhanden: Die erheblich modifizierten Abbruchbagger einiger namhafter Baumaschinenhersteller leiteten diese Entwicklung ein, die Long-Front-Ausleger und ausgefeilten Abbruchwerkzeuge werden zu einem riesigen Bereich der Baumaschinentechnik.

Säße in der Kabine kein Fahrer, könnte ein moderner Abbruchbagger sogar durchaus als ein großer Abbruchroboter gelten – nur ist diese Arbeit nach wie vor zu kompliziert, als daß ein abzuarbeitendes Programm „in den Bagger" einzuprogrammieren wäre. Vielmehr wird der Fahrer in Abbruchbaggern für viele, viele Jahre unentbehrlich bleiben – trotz aller Fortschritte in der Mikroelektronik, Rechnertechnik und Sensorik.

Mit zwei Doppelkopf-Hydraulikfräsen von Boart Longyear übernahmen zwei Case Poclain 1288 mit „Powersensor"-Hydrauliksystem einen Bunkerabbruch in Berlin. Hydraulikhämmer oder gar Sprengungen waren wegen der Erschütterungen nicht gestattet. Aufgrund der entstehenden Schwingungen werden Fräsen meist nur an normalen, nicht aber an sehr langen Auslegern verwendet

Mit seinem scherenartig zupackenden Spezialgreifer zerrt der JCB JS220 Stahlträger sowie Dach- und Wandflächen aus den abzubrechenden Hallen, sortiert die Materialien und legt sie für das anschließende Recycling ab. Zusätzliche Gitter für den Seitenschutz der Kabine werden auf dem Dach mitgeführt

Das Zertrümmern massiver Gebäudedecken und Fundamente ist mit Betonknackern nicht möglich, denn die Angriffspunkte fehlen, und das Aufschlagen des Tieflöffels genügt nicht. Schwere Hydraulikbagger wie der Cat 245 mit einem finnischen Hydraulikhammer G 130 von Rammer knacken Betonfundamente hingegen problemlos

Werden Hydraulikbagger wie dieser Kobelco K 907 C zum Verladen großer Schuttmassen verwendet, bewährt sich der Standard-Tieflöffel. Schließlich ähnelt ein solcher Einsatz der Arbeit im Steinbruch oder der Felsverladung. Deshalb werden lieber schmalere, robuste Felslöffel als breite Leichtgutlöffel angebaut

Foto: Urs Peyer

Größenevolution von Abbruchbaggern: Die bei einem namhaften amerikanischen Abbruchunternehmen eingesetzten Komatsu-Hydraulikbagger PC750 LC (oben links), PC1000 (oben rechts) und PC1100 LC (unten links) zeigen, wie Abbruchmaschinen parallel zu ihren Aufgaben wachsen. Die Bagger wiegen 78, 95 und 103 t; die beiden größten tragen direkt am Monoblockausleger riesige LaBounty-Schrottscheren zum Durchtrennen dicker Stahlträger. Die nicht drehbare Schere am PC1000 ist eine 12,2 t schwere MSD 200 für 2236 t Scherkraft, die drehbare am PC1100 LC eine 6,6 m lange, 15,6 t wiegende MSD 200R mit ebensolcher Scherkraft

Fotos: Michael Hubert

BAGGER BRECHEN BRÜCKEN

Besonders beliebt sind Bagger mit herkömmlichem Monoblockausleger beim Abbruch von Brücken aller Art. Bei solchen Projekten sind keineswegs nur tragende Strukturen, Beton- und Asphaltdecken und lange Träger fachgerecht zu demolieren und zu zerkleinern. Vielmehr gehören zu einem Brückenbauwerk auch Endlager, einer oder oft auch mehrere Pfeiler, komplizierte Querverbindungen zwischen den Pfeilern sowie tief reichende Gründungen.

Natürlich muß all dies nicht bei jedem Brückenabbruch unter großem Zeitdruck verschwinden. Doch gerade die „überbrückenden“ Strukturen, meist Träger, armierte Betonflächen und Asphaltschichten, sind in den meisten Fällen so schnell wie irgend möglich zu beseitigen.

Das können ganze Flotten von Hydraulikbaggern besser als jede andere Baumaschine. Auch Bagger mit Long-Front-Ausleger eignen sich in den meisten Fällen nicht so gut, denn der überlange Ausleger würde nur im Wege sein. Die überwiegende Zahl aller Eisenbahn-, Straßen- und Autobahnbrücken ist nicht so hoch, als daß nicht „unten stehende“ Hydraulikbagger mit ihren normalen Monoblockauslegern bequem hochlangen könnten.

Für den schnellstmöglichen Brückenabbruch fahren Hydraulikbagger die ganze Palette anbaubarer Werkzeuge auf, also Hydraulikhammer, Betonknacker, Stahlschere, aber auch Tieflöffel und Greifer zum Räumen und Verladen der Schuttmassen. Wenn die Arbeiten unter großem Zeitdruck stehen, liegen die Werkzeuge für jeden Bagger oft sauber und ordentlich aufgereiht am Boden, um mit dem Schnellwechsler innerhalb kürzester Zeit aufgenommen werden zu können.

Vorteilhaft sind bei derartigen Einsätzen Schnellwechsler, die auch den Anschluß der Hydraulikleitungen, zum Beispiel für Hammer und Betonzange, automatisch in Sekunden vornehmen. Ohne solche Schnellwechsler muß der Fahrer nämlich aussteigen und die Schlauchverbindungen beim Werkzeugwechsel manuell lösen und befestigen – das ist stets zeitraubend.

Durch die spezifischen Anforderungen beim Abbruch und ganz besonders beim Brückenabbruch prägen Abbruchmaschinen inzwischen auch die Entwicklungen in der Baumaschinentechnik. So werden derartige Schnellwechsler beim temporeichen Brückenabbruch gewissermaßen „auf Herz und Nieren“ getestet. Alles, was auch nur etwas fragil und zerbrechlich wirkt, hat dabei keine Chance.

Brückenabbrüche sind oft spektakulär, nicht zuletzt wegen des Zeitdruckes und des deshalb unverzichtbaren massiven Einsatzes ganzer Baggerflotten. Für den Neubau der Landesmesse Stuttgart wurde beim Flughafen eine Brücke über die A 8 abgerissen. Um die Autobahn nur kurz zu sperren, zerkleinerten sieben Cat-Raupenbagger der Typen 322B, 330B, 325C LN, 330C L und 345C die 50 m lange und 11 m breite Betonplatte der Brücke. Insgesamt 2900 t Stahl und Beton waren zu beseitigen

Gleich neun Bagger rückten 1993 für einen Brückenabbruch über die A 9 bei Hof an. Der Verkehr wurde am Sonnabend ab 19.00 Uhr gesperrt. Vorher waren die Bagger auf und neben die Brücke gefahren und hatten sich in Position gebracht. Um 19.20 Uhr begann ein Crescendo von Hydraulikhämmern, dröhnenden Motoren und Betonbrechern. Obwohl um 21.10 Uhr ein Ventil eines Poclain 125 CK leckte, konnte der Schaden bald behoben und die A 9 um 4.30 Uhr – anderthalb Stunden vor dem Zeitlimit – wieder freigegeben werden

Die Fahrbahn- und Betondecke einer Brücke räumte dieser Demag-Bagger ausschließlich mit seinem Tieflöffel durch das Geflecht von Armierungen bis hinunter zu den Brückenträgern ab. Zuvor hatte der im Hintergrund arbeitende Demag-Bagger den Beton mit einem Krupp-Hydraulikhammer gelöst

In schwindelerregender Höhe manövrierte der Bagger auf einem nur 4 m breiten Betonband, um mit einer Topcut 800 von Wimmer stark armierten Beton zu brechen und zu zerkleinern. Da die Westautobahn zu den wichtigsten Verkehrsadern Österreichs zählt, mußten die Arbeiten an der rund 300 m langen südlichen Brücke über einen Almfluß nahe Vorchdorf bei fließendem Verkehr durchgeführt werden. Interessant sind die Stützkonstruktionen aus Stahl, die das langsam schwindende Brückenband vor dem Absturz bewahrten. Bei solchen Einsätzen dürfen Baggerführer keine schwachen Nerven haben!

Etliche Autofahrer entgingen am 12. Juli 1990 nur knapp einer Katastrophe, als sich ein Pfeiler der Inntal-Autobahnbrücke bei Kufstein plötzlich um mehr als einen halben Meter senkte. Zwar bekamen der Spannbetonträger und die Fahrbahn eine Delle, doch glücklicherweise stürzte die Brücke nicht ein. Die anschließende Reparatur dauerte zwei Jahre und kostete fast 50 Millionen Mark. Ein O&K-Bagger mit einem Rammer-Hammer S 55 beseitigte die provisorischen Stützpfeiler

In der Teleperspektive wirkt der Abbruch einer Brücke recht bedrohlich, denn die Trümmer scheinen unmittelbar vor dem Bagger aufzuragen und abzustürzen. Doch steht der Bagger, hier ein Cat 229D mit Betonzange, ja im sicheren Abstand seines Auslegers vor der Brücke. Auslegerverlängerungen sind nicht nötig; Reichweite und -höhe von Monoblock und Stiel genügen in den meisten Fällen

Wie gut ein Bagger mit seinem Ausleger auf eine Autobahnbrücke reichen kann, demonstriert dieser Volvo EC360B LC mit angebautem Hydraulikhammer. Der Bagger wurde hierzu am Fuß seines patenten Wechselauslegerssystems mit einem kurzen Auslegersegment versehen, an dem der übliche Stiel (auch Pendelarm genannt) arbeitet. Das Fahrerhaus erhielt einen separaten, sehr robusten Schutzrahmen

Oben: Ein wenig erschreckend wirkt es immer, wenn Bagger während der Arbeit auf der abzureißenden Brücke stehen – doch oft ist das gar nicht anders möglich. Bei einer Brücke über den Inn wurde 1984 der Einhängeträger der Gerber-Konstruktion mit einer 3-t-Abbruchbirne herausgeschlagen und versank im Fluß. Da vorher Stahlseile befestigt wurden, konnte hier der Träger anschließend mit einem Kran gehoben werden

Links: Schwerste Abbruchtechnik für einen Brückenabbruch in der Schweiz: Ein 520 PS leistender Cat 385B L zerkleinerte mit kurzem Wechselausleger, 3,4-m-Stiel und angebautem, endlos drehbaren Betonknacker die Brückensubstanz. Eine Behelfskonstruktion aus Stahl fing den Schutt auf und sicherte die Arbeiten. Der Bagger lastete hier mit annähernd 100 t auf der abzubrechenden Brücke, genau waren es 96 t

Foto: Andreas Barner

Beim Abbruch der immerhin 50 m breiten Rheinvorlandbrücke in Ludwigshafen mußte der Verkehr auf der Rheinuferstraße und einem Bahngleis gesperrt werden. Nach einem Einsatz von sechs Cat-Baggern der Modelle 330B, 330C und 345B rund um die Uhr ab Freitag abend konnte die Sperrung statt am Montag um 5 Uhr schon am Sonntag abend wieder aufgehoben werden

Abbrucharbeiten an und auf Brücken fordern Bagger nicht zuletzt durch den Zeitdruck und den harten, stets armierten Beton sehr. Als noch oft Seilbagger eingesetzt wurden, bewährte sich hier in den frühen achtziger Jahren bereits eine Flotte von Poclain-Baggern mit Hydraulikhämmern bei einem umfangreichen Brückenabbruch

Für den Bau der Hamburger HafenCity, Europas größtem Stadtentwicklungsprojekt, mußten Streckenabschnitte der Hochbahn abgebrochen werden. Die HafenCity erhält eine eigene U-Bahn-Anbindung. An einer Abbruchstelle mit mehreren Brücken brachen ein 70-t-Bagger Volvo EC700B LC mit schwerem Krupp-Hammer und weitere Volvo-Maschinen in nur 60 Tagen 50 000 m^3 Beton ab. Vier Volvo-Muldenkipper transportierten die Schuttmassen fort

Die zusammengeballte Kraft einiger Tausend Pferdestärken wie bei diesen schweren Liebherr-Baggern der Typen R 932, R 942 und R 954, die wummernden Motoren, dröhnenden Schläge der Hydraulikhämmer, das Zerbersten des Betons und der ziehende Staub sorgen bei vielen Brückenprojekten für eine intensive, eigentümliche Atmosphäre. Hinzu kommt die außerordentliche Betriebsamkeit, meist dicht vor einer Hektik, dennoch wohlgeplant und zumeist präzise wie ein Uhrwerk ablaufend

Beim Abriß eines sechsgeschossigen, 15 m hohen Parkhauses in Bergisch Gladbach arbeitete sich ein Case CX 330 mit 3,2 t wiegender Betonschere förmlich „von innen nach außen“ vor. Nach dem Brechen einer 25 m breiten Schneise wurde das gebrochene Material im Parkhaus zu einer Rampe aufgeschüttet, die der Bagger zum Knacken der verbleibenden Parkdecks erklomm

Ein echter Abbruchbagger ist der italienische PMI 225 P, er basiert also nicht auf einem konventionellen Erdbaubagger. Die 25-t-Maschine ist hier mit einem Spezial-Verstellausleger und einem Halter für ein ansetzbares hydraulisches Spaltwerkzeug von 2,5 bis 3,5 m Breite ausgerüstet. PMI produzierte früher Erdbaumaschinen, konzentrierte sich aber auf Abbruchtechnik

Beim Gleisausbruch in Zürich wurden zunächst ein Cat 365B L, später ein größerer Cat 385B L eingesetzt. Die Schienen bieten dem in dieser Ausstattung 93,3 t wiegenden Cat 385B L kein nennenswertes Hindernis. Der kurze Spezialstiel des Baggers ist nur 2,2 m lang, damit die (abgeschaltete) Oberleitung nicht beschädigt wird. Der in der Werkstatt von Firma Eberhard eigens entwickelte EBI-Schienenhobel weist beachtliche Dimensionen auf, wiegt 3,78 t und ist hier nicht am Schnellwechsler, sondern direkt am Kurzstiel montiert *Fotos: Michael Hubert und Urs Peyer*

Die vom Cat-Bagger mit dem EBI-Schienenhobel in schneller Folge herausgerissenen langen Schienenstränge werden von einem O&K-Zweiwegebagger MH City sicher gehalten und geführt, um weder Arbeiter noch Passanten zu gefährden, und anschließend in transport- und recyclinggerechte Stücke zerteilt

Foto: Michael Hubert

Durch Spezialausleger werden Bagger zunehmend vielseitiger und eignen sich für Erdbau und Abbruch gleichermaßen. Durch das Auslegerschnellwechselsystem Genesis Quick-Connect (GQC, zu erkennen links über der Kabine) kann dieser Hitachi Zaxis ZX500LCH mehrmals täglich zwischen kurzem Ausleger für schwere Werkzeuge und große Kräfte und einem bis zu 26 m hoch reichenden Long-Front-Ausleger wechseln. Der Fahrer muß die Kabine dazu nicht verlassen, denn alle hydraulischen Leitungen werden automatisch miteinander verbunden

LONG-FRONT-BAGGER

IM LAND DER RIESEN

Die sind die Könige einer jeden Abbruchbaustelle, sie ziehen die Blicke staunender Zuschauer auf sich, sie verlangen großes Können bei der Bedienung – und sie wurden zu unverzichtbaren Schlüsselgeräten auf unzähligen Abbruchbaustellen rund um den Globus: Long-Front-Bagger !

Long-Front-Bagger sind, wie der aus dem Englischen stammende Begriff schon sagt, Bagger mit langem Ausleger. Deshalb werden sie hin und wieder auch Long-Reach-Bagger genannt, doch das ist – ebenso wie der Begriff Long-Front – nicht ganz zutreffend. Denn ebenso wichtig wie die große Reichweite ist eine große Reichhöhe, damit die Maschinen hohe Gebäude und Bauwerke schnell und sicher abreißen können.

Gegen einen Long-Front-Bagger mit steil hochgestelltem Ausleger sieht jeder andere Bagger, gleich welcher Größe, klein aus. Der mindestens 20, vielleicht 30 oder gar 40 bis 50 m hochragende Ausleger läßt nämlich sowohl die Basismaschine als auch alle anderen Abbruchmaschinen im Umfeld des Long-Front-Baggers klein erscheinen.

Die meisten Long-Front-Ausleger reichen heute in Höhen von 20 bis 30 m, Bagger für größere Höhen bilden noch eine Ausnahme. Doch noch vor wenig mehr als zehn Jahren galten die 40 m eines damals 2,5 Millionen Mark (rund 1,25 Millionen Euro) kostenden Komatsu PC 540-5 super long als Sensation. Jetzt hingegen werden bereits 65 m Höhe von den größten Long-

Kein Fahnenmast, sondern ein Baggerausleger: Auf der bauma 2007, der weltgrößten Baumaschinenmesse in München, nutzte Volvo den 32 m hohen Long-Front-Ausleger des neuen 88-t-Abbruchbaggers EC700B HR als weithin sichtbares Zeichen, um den Volvo-Stand anpeilen und schnell finden zu können

Wie hoch die Arbeitshöhe eines Long-Front-Baggers tatsächlich ist, kann der Blick aus Bodenhöhe wegen der perspektivischen Verkürzung niemals wirklich veranschaulichen. Das tut nur ein Blick von oben, hier aus rund 30 m Höhe: Weit, weit unten wirkt der „kleine" Oberwagen des italienischen PMI 940 wie ein Spielzeugbagger

In welch großen Höhen und Abständen die Abbruchwerkzeuge tätig sind, zeigt die direkte Gegenüberstellung mit dem hochkonzentrierten Baggerfahrer „unten" in der Kabine. Trotz der beachtlichen Entfernung befindet sich das Stielende des Long-Front-Auslegers dieses Cat 235D noch nicht mal auf der Hälfte der maximal erreichbaren Höhe

Front-Baggern erreicht, und ein neuer Rekord soll demnächst mit 90 m Höhe angesteuert werden.

Schon Anfang der achtziger Jahre entstanden die ersten Bagger mit überlangen Auslegern speziell für Abbrucharbeiten. Maßgeblicher Einfluß ging von Japan aus. Dort sind wegen der hohen Besiedlungsdichte Abbrucharbeiten oft mit strengen Auflagen verbunden. Sprengungen von Hochhäusern sind zumeist nicht gestattet, ebenso nicht die Verwendung von Abbruchbirnen.

Oben: Während der Bagger links eine 41-t-Maschine ist, sind im Vergleich dazu dem Bagger rechts seine 56 t Einsatzgewicht nicht anzusehen. Long-Front-Bagger wirken aufgrund ihres überlangen und besonders sehr hohen Auslegers stets kleiner als konventionelle Bagger. Ihre schiere Kraft und Größe wird daher oft unterschätzt

Rechts: In weiter Ferne, ganz hoch oben, muß das Abbruchwerkzeug tagein, tagaus präzise bedient und angesetzt werden, immerhin meist in 20 oder 30 m oder gar noch größerer Distanz vom Baggerfahrer. Das verlangt sehr viel Übung und Können, denn bei keinem anderen Baumaschineneinsatz (abgesehen von der Schleppschaufel) ist das Arbeitswerkzeug so weit vom Fahrer entfernt

Noch vor wenigen Jahren bekamen die Fahrer von Long-Front-Baggern oft Genickstarre, wenn sie stunden- und tagelang steil nach oben blicken mußten. Deshalb sind die Kabinen der meisten neueren Long-Front-Bagger hydraulisch neigbar. Die seltsame Sitzposition fühlt sich für Neulinge allerdings zunächst etwas ungewohnt an – und der Vergleich mit einem gemütlichen Liegestuhl ist kaum angebracht …

Arbeit hinter Gittern: Ebenso ungewöhnlich wie die Sitzposition ist der ständige, gar nicht zu vermeidende Blick durch die Sicherheits-Schutzgitter vor und über der Kabine. Um das Blickfeld nicht allzusehr zu beeinträchtigen, müssen die Streben so dünn wie möglich sein, dies aber bei ausreichendem Fallschutz

Wer sich die Schutzgitter entfernt denkt oder sich hinter die Kabine begibt, erkennt, wie klein das Abbruchwerkzeug in großer Höhendistanz doch wirkt und wie unübersichtlich das effektive Arbeiten und Zerstören dadurch ist. Deshalb werden bei großen Höhen Auslegerkameras und starke Scheinwerfer unverzichtbar

Long-Front-Ausleger ist nicht gleich Long-Front-Ausleger! Obwohl der kleinere Cat 330B etwas höher steht, ist sein Ausleger für 21,1 m Reichhöhe deutlich kürzer als der des rechts stehenden Cat 365B für 33,1 m Reichhöhe. Die Differenz von 12 m und fast 60 Prozent mehr Höhe ist kaum zu erkennen. Dennoch gleichen sich die Auslegerkonstruktionen durchaus

Nicht immer müssen es große Höhen, Betonknacker und abstürzender Bauschutt sein: Dieser aufgerüstet 42,6 t schwere Liebherr R 934 B VH-HD Litronic mit einem Ausleger für 18 m Arbeitshöhe riß im westfälischen Gahmen ein zweistöckiges Mehrfamilienhaus ab, das durch Bergschäden abgesackt war. Der gesamte Abbruch wurde mit einem 1,5 m^3 fassenden Sortiergreifer erledigt

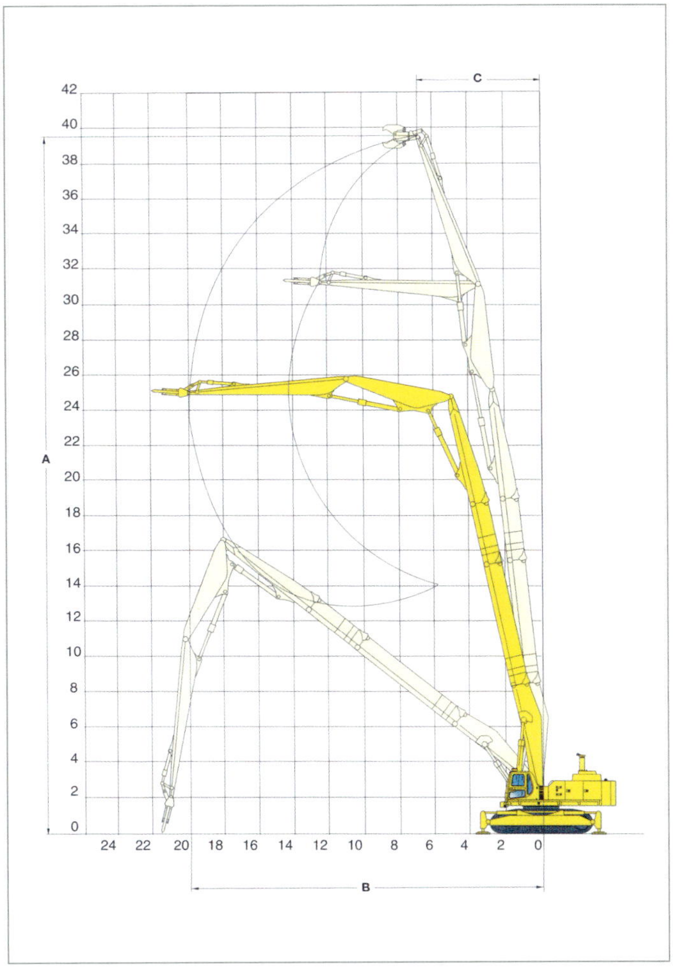

Oben links: Wenn Bauschutt und gelöste Teile zwangsläufig aus der Höhe herabstürzen, wird's gefährlich. Deshalb müssen Long-Front-Ausleger nicht nur eine genügende Arbeitshöhe haben, sondern auch eine befriedigende Reichweite. Denn nur so kann der Abbruchbagger ausreichend weit vom Gebäude oder Bauwerk entfernt stehen, ohne daß Mensch und Maschine gefährdet werden

Oben rechts: Zwei Parameter sind bei den Leistungsdiagrammen von Long-Front-Baggern besonders wichtig: Reichhöhe und Reichweite. Die in der Praxis beste Auslegerstellung ist daher für den Komatsu PC750SE-6, übrigens einer der wenigen Abbruchbagger mit Abstützungen am Unterwagen, gelb unterlegt, während die anderen Positionen wie auch die höchste von 39,5 m nicht so bedeutend sind

Trotz großer Höhe in sicherem Abstand vom Gebäude: Mit längsseits gestelltem Unterwagen, der sogar noch etwas aufwärts geneigt steht, erzielen Long-Front-Bagger wie der Liebherr R 954 B VH-HD Litronic beachtliche Reichweiten, die den Bagger in sichere Entfernung zum Abbruchgeschehen rücken lassen

Damit ein Abbruchbagger auch bei weiten Ausladungen und ausreichender Entfernung vom Abbruchobjekt sicher steht, ist ein breiter und langer Unterwagen unerläßlich. So können die Raupenschiffe des 55 t wiegenden 835 RHD Spezial von Sennebogen von 3 m Transportbreite hydraulisch auf 4,5 m Arbeitsbreite teleskopiert werden

Mit pfiffig konstruierten Long-Front-Auslegern können Bagger wie der fast 40 t schwere Volvo EC360BLC nicht nur in sicherer Entfernung weit vom Oberwagen knabbern, sondern auch mehr in Bodennähe dicht vor dem Bagger, wichtig bei begrenztem Platz. Der 22 m hoch reichende Long-Front-Ausleger hat an der Unterseite der Auslegerspitze eine Videokamera, um dem Fahrer optimale Sicht auf die Abbruchwerkzeuge zu bieten

Wasser zur Staubminderung spielt bei vielen Long-Front-Einsätzen eine wichtige Rolle. Die vielfach kombinierbaren Auslegerelemente des Komatsu PC340NLCD-7 ermöglichen das Arbeiten mit Tieflöffel für bis zu 6,5 m Grabtiefe, gestrecktem Ausleger für 10 m hohen Abbruch oder mit Long-Front-Ausleger für 16,7 m oder 20 m Arbeitshöhe

Wird das Wasser zur Staubbindung nicht direkt am Long-Front-Ausleger in die Höhe gebracht, können auch Hilfsgeräte als „Spritzenleiter" dienen. Bei diesem Abbruch eines Futtersilos wurde der Cat 365B von einem Merlo-Teleskopstapler unterstützt, zu dessen angebauter Hubbühne ein Wasserschlauch führte

Auch beim Zerlegen von Industrieanlagen wie 20 m hohen Tanks mit 70 m Durchmesser und 32 mm Blechstärke bewähren sich Long-Front-Ausleger, hier ein 43 t schwerer Cat 330C mit 21,1 m Reichhöhe. Allerdings werden Stahlscheren an Long-Front-Auslegern im Vergleich zu Abbruchzangen seltener genutzt

In den meisten Fällen tragen Long-Front-Ausleger Betonscheren, -zangen und -pulverisierer, hier ein Liebherr R 954 B VH-HD Litronic beim Abbruch eines 24 m hohen, 109 m langen und 22 m breiten Getreidespeichers in Straßburg. Der Ausleger erreicht maximal 27 m Arbeitshöhe. Dank 3,33 m Unterwagenbreite bietet der Bagger einen 360-Grad-Arbeitsradius bei voller Standsicherheit

Oben: Wesentlich besser konnten größere Höhen mit einem speziellen Abbruchstiel erreicht werden, der anstelle des Tieflöffels montiert wurde (Raupenbagger hatten bis in die neunziger Jahre nur selten Schnellwechsler) und auf diese Weise den Stiel verlängerte. Der Haken am Stielende erleichterte das Einreißen

Links: Früher hatten auch große Hydraulikbagger ihre Mühe, die oberen Stockwerke und Bereiche von Gebäuden zu erreichen und abzureißen. Dieser Poclain 220 CK wurde in seiner radikalen Zerstörungsarbeit mit dem Standard-Tieflöffel durch den höher langenden Zweischalengreifer eines Seilbaggers unterstützt (oben rechts)

Noch vor fünfzehn Jahren galt ein Mobilbagger mit einem 5 m langen Abbruchstiel, der an den Schnellwechsler montiert war, und Reißzahn als fortschrittliche Abbruchtechnik. Bagger mit Long-Front-Ausleger waren damals noch eine Seltenheit, nur wenigen Einsätzen für große Höhen vorbehalten

Um unter allen Bedingungen einen Mindestsicherheitsabstand von einem Drittel der Reichhöhe gewährleisten zu können, stattete Liebherr Raupenbagger für Abbrucharbeiten zunächst mit langen Stielen aus, die an die Löffelanlenkung montiert wurden und vorne winzige Reißlöffel trugen. Dies waren die Vorläufer der heutigen Long-Front-Ausleger

Teleskopbagger wie von Gradall, in den Vereinigten Staaten weit mehr verbreitet als in Europa, sind zwar beliebte Abbruchbagger mit langem Ausleger, reichen aber aufgrund der begrenzten Steilstellung nicht besonders hoch. Dennoch können so drei- bis vierstöckige Häuser abgerissen werden

Foto: Urs Peyer

Durch die Verwendung großer Bagger mit überlangen Auslegern konnten jedoch Betonknacker, Stahlscheren und Greifer in großen Höhen gezielt angesetzt werden und Gebäude selektiv abtragen. Wegen der Probleme beim Platzbedarf und Transport derartig großer Bagger und ihrer langen Ausleger kristallisierte sich über die Jahre eine dreiteilige Auslegerbauweise heraus. Eine solche Dreiteilung machte den Ausleger nicht nur in sich beweglicher, sondern es war nun auch möglich, den Long-Front-Ausleger so kompakt zusammenzufalten, daß er komplett auf einen Tieflade-Sattelzug paßte.

Dennoch müssen bei sehr großen Maschinen Ausleger und Bagger getrennt transportiert werden. Ein wichtiges Argument ist dann eine kurze Rüstzeit bis zur vollen Einsatzfähigkeit. Das beinhaltet auch, sofern nötig, das Austeleskopieren der Raupenfahrwerke zur Verbreiterung des Unterwa-

In den achtziger und neunziger Jahren griffen viele Hersteller die Idee des Abbruchstieles auf. Der 26-t-Bagger O&K RH 8.5 erhielt für einen Industrieabbruch in Essen-Kupferdreh einen SMP-Schnellwechsler, an den ein von 6 auf 9 m Länge teleskopierbarer SMP-Abbruchstiel mit Reißhaken gesetzt wurde. Dadurch verdoppelten sich Reichhöhe und -weite des Baggers

In den achtziger Jahren tauchten in Japan die ersten Hydraulikbagger mit speziellen Auslegern für Abbrucharbeiten auf. Dieser Cat EL240 war eigentlich ein Bagger aus Mitsubishi-Produktion, der aufgrund eines Joint Ventures von Caterpillar mit dem japanischen Unternehmen auf asiatischen Märkten verkauft wurde

Foto: Urs Peyer

gens, das Ansetzen zusätzlicher Kontergewichte und den Anbau bestimmter Abbruchwerkzeuge. Nach Beendigung der Abbrucharbeiten soll die Demontage des Baggers ebenfalls so schnell wie möglich erfolgen – denn Rüstzeiten sind letztendlich unproduktive Zeiten.

Oft wird heute kaum noch gebührend gewürdigt, daß hoch reichende Abbruchbagger einen überaus wichtigen Beitrag zur Arbeitssicherheit leisten. Dank der großen Arbeitshöhe erübrigt sich der gefährliche Personeneinsatz auf Hallendächern und Industrieanlagen in 30, 40 oder 50 m Höhe. Die deutliche Verbesserung der Arbeitssicherheit und die daraus resultierende große Arbeitserleichterung werden jedoch von Abbrucharbeitern und Firmenleitungen weltweit sehr begrüßt.

Alle namhaften Baggerhersteller führen inzwischen große Abbruchbagger mit Long-Front-Auslegern im Programm. Einige solcher Bagger lassen sich wie aus dem Baukasten zusammenstellen, zum Beispiel mit mehreren Unterwagenvarianten und verschiedenen Auslegerbestandteilen. Hinzu kommen weitere Details, ob im Standardpaket enthalten oder optional, wie eine neigbare Kabine, Wechselsystem des Auslegers, hydraulischer Schnellwechsler für die Werkzeuge, Wasserbedüsung zur Staubbindung, Scheinwerfer, Lastmomentbegrenzer und vieles mehr.

Schon Mitte der achtziger Jahre konstruierte Demag für die „kleineren" Hydraulikbagger wie den H 40 einen „hydraulischen Abbruchstiel für Betonzange und Abbruchhammer". Der nur zweiteilige Ausleger ähnelte den Umschlagauslegern für Industrieeinsätze, ist aber ein direkter Vorläufer moderner Long-Front-Ausleger

Auch O&K beschäftige sich schon früh mit speziellen, überlangen Abbruchauslegern, hier an einem so ausgerüstet annähernd 50 t wiegenden RH 20 PMS mit einer „Hydraulik-Abbruchzange" CC2100R von Krupp Berco Bautechnik. Das zusätzliche Kontergewicht am Oberwagenheck trug maßgeblich zu dem hohen Einsatzgewicht bei

PATENTER FALTER

Ein interessantes Auslegersystem, das vorwiegend für Abbrucharbeiten konzipiert war, wurde kurz nach der „Wende" beim deutschen Baumaschinenhersteller Nobas aus Nordhausen am Harzrand (heute HBM Nobas) entwickelt. Der Ausleger wurde der Öffentlichkeit erstmals 1992 auf der bauma in München präsentiert und gilt als Vorläufer der Long-Front-Ausleger.

Der 38 t schwere UB 1236 Abbruch basierte auf dem gleichnamigen 30-t-Tieflöffelbagger von Nobas. Für den Long-Front-Einsatz im Abbruch wurde bei Nobas ein patentiertes, dreiteiliges Auslegersystem plus Abbruchstiel entwikkelt, das hydraulisch bis auf eine Arbeitshöhe von rund 23 m hochgefahren werden konnte. Der Abbruchstiel konnte Abbruchzangen mit einem Gewicht von bis zu 1,5 t tragen.

Die Standsicherheit des Baggers wurde durch den ebenfalls patentierten LCV-Unterwagen gewährleistet, der

Einen bemerkenswerten, weil patentierten Abbruchausleger besaß der UB 1236 Abbruch von Nobas aus Nordhausen am Harzrand. Der Ausleger des 38 t wiegenden Hydraulikbaggers wurde erstmals auf der bauma 1992 in München vorgestellt und war damit eine der frühen Maschinen mit Long-Front-Ausrüstung. Hier arbeitete 1995 der baugleiche UB 30 bei Entkernungen am Berliner Reichstag

innerhalb weniger Minuten und ohne mechanische Operationen die hydraulische Spurverstellung von 2,98 m auf 4,10 m Außenbreite gestattete. In Transportstellung war der Bagger auf einem Tieflader im Straßenmaß verfahrbar.

Ein besonderes technisches „Highlight" war in der damaligen Zeit der optionale Einsatz einer Industriekamera am Abbruchstiel. Dazu gab es einen spektakulären Einsatz in der Altstadt von Salzburg, wo der Bagger bei äußerst engen Platzverhältnissen direkt vor einer zu erhaltenden, historisch wertvollen Fassade stand. Der Ausleger reichte über die Fassade hinweg, um von oben dahinter liegende Strukturen abzubrechen. Da wegen der Nähe zur Fassade kein direktes Sichtfeld des Fahrers auf den Abbruchort gegeben war, konnte die Abbruchzange nur mittels der Industriekamera mit Monitor in der Kabine dirigiert werden.

Dank seiner hohen Flexibilität, besonders hinsichtlich der schnellen Auf- und Abrüstbarkeit, war der Nobas-Bagger in Deutschland im Mieteinsatz erfolgreich und für den Abbruch kleinerer Objekte prädestiniert. Viele dieser Abbruchbagger wurden nach Österreich, Polen, Italien, Frankreich und Russland exportiert.

1995 erfolgte die Umbenennung des UB 1236 Abbruch in UB 30 LCV demolition. Die Maschinen sind leicht zu unterscheiden: rot-weiß = UB 1236 Abbruch, gelb-schwarz = UB 30 LCV demolition. Ansonsten sind die beiden Modelle, abgesehen von unterschiedlichen Motoreneinbauten und leichten Änderungen in der Hydraulik, baugleich.

MP steht für Multi Purpose (Vielzweck). Zur Umrüstung in eine Monoblockausrüstung wird nur der Baggerführer benötigt, um Abbruchstiel und Streckelement zu entfernen. Mit dem MP-Ausleger können sowohl Abbruch- als auch Tiefbauarbeiten erledigt werden, sogar Tiefenabbruch und das Planieren von Böschungen. Der Ausleger wird komplett angebaut transportiert und ist sofort einsatzbereit. Zur Erhöhung der Standsicherheit kann der UB 30 LCV MP mit zusätzlichem Kontergewicht ausgestattet werden.

Das dreiteilige Auslegersystem konnte samt Abbruchstiel hydraulisch bis auf fast 23 m Arbeitshöhe ausgefaltet, aber auch in wenigen Augenblicken komplett eingefaltet werden, was den Transport auf dem Tieflader ohne jegliche Demontagen erlaubte. Bis zu 1,5 t schwere Abbruchzangen waren am Ausleger einzusetzen

Der Nachfolger des UB 1236, der UB30 MP LCV, bietet durch seinen MP-Ausleger (Multi Purpose) im 360-Grad-Bereich 20 m Reichhöhe und in 10 m Höhe sogar noch 14,7 m Reichweite, erreicht aber auch 15,6 m Grabtiefe oder 19,2 m Reichweite auf Bodenniveau. Der patentierte Unterwagen ermöglicht in Minutenschnelle die hydraulische Verstellung der Spur von 2,98 auf 4,10 m Außenbreite

Schwedische Hersteller wie Åkerman (heute Volvo) konnten ihre Hydraulikbagger mit besonderen Abbruchauslegern ausstatten, die sehr ähnlich wie die jetzigen Long-Front-Ausleger gestaltet waren. Außergewöhnlich war die Verbindung zwischen dem Auslegerfuß und der unteren (schwarzen) Sektion als zusätzliche Verlängerung, an die oben der eigentliche Abbruchausleger montiert wurde

AUSLEGER, DIE ABBRECHEN...

... müssen außerordentlich gut und robust konstruiert sein, um nicht abzubrechen. Dieser Satz, der weniger perfekt Deutsch sprechende Ausländer zur Verzweiflung bringt, faßt mit wenigen Worten zusammen, warum sich Abbruchbagger immer mehr von normalen Baggern des Erd- und Tiefbaues unterscheiden.

Während es sich bei den Hydraulikbaggern um Serienmaschinen handelt, die mit diversen Modifikationen den harten Abbruchbedingungen angepasst werden, unterscheiden sich Long-Front-Ausleger beträchtlich von konventionellen Baggerauslegern.

Außerdem ist Long-Front nicht gleich Long-Front, denn bezüglich der Bauweisen, Funktionen und vielseitigen Nutzung sind etliche Unterschiede zu finden. Unterschiede gibt es auch bei den Reichhöhen und -weiten, den theoretisch und praktisch nutzbaren Gewichten der Anbaugeräte, dem Zubehör und dem Aufwand beim Wechsel zum normalen Erdbauausleger.

Die meisten Bagger mit Long-Front-Auslegern wiegen um 30 bis 45 t und langen etwa 25 m hoch, was zum Abbrechen sieben- bis neunstöckiger Gebäude ausreicht. Das entspricht zum Beispiel über 90 Prozent des Abbruchaufkommens in Deutschland. Für eine große Zahl aller Abbruchvorhaben – nämlich rund ein Drittel – genügen sogar die normalen Baggerausleger für 5 bis 10 m Höhe. Allerdings wächst der Anteil hoher älterer Gebäude von über 40 m am Gesamtabbruchvolumen in starkem Maße, besonders hinsichtlich alter Industrieanlagen, Hallen, Silos und hoher Innenstadthäuser.

Teleskopierbare Abbruchausleger bis 35 m Arbeitshöhe für Hydraulikbagger der 40- bis 45-t-Klasse wurden von der Spitznas Maschinenfabrik aus Velbert hergestellt. Durch das Ein- und Austeleskopieren konnte die Auslegerhöhe gut angepaßt werden, zudem reduzierte sich die Transportlänge. Am Kopf der Teleskopsektion befand sich ein 7,5 m langer Stiel, an den bis zu 2,6 t schwere Abbruchwerkzeuge anzubauen waren

Entsprechend hoch reichende Long-Front-Ausleger erübrigen bei solchen Abbruchprojekten oft das umständliche Heraufheben kleiner Bagger und anderer Maschinen, um die Gebäude von oben herab abzutragen. Solche Vorgehensweisen sind meist langwieriger und arbeitsaufwendiger als der Abbruch von Bodenniveau aus mit einem Long-Front-Bagger.

Grundsätzlich eignen sich für Long-Front-Ausleger Bagger von 35 bis derzeit schon fast 200 t Gewicht. Die Bagger und Ausleger lassen sich gemäß ihrer Gewichte und Reichhöhen (ohne Werkzeug) sogar ungefähr in Klassen einteilen:

20 bis 30 t: 15 m
30 bis 35 t: 18 m
35 bis 40 t: 20 m
40 bis 50 t: 20 bis 25 m
50 bis 60 t: 25 bis 28 m
70 bis 80 t: 28 bis 35 m
80 bis 110 t: 35 bis 40 m
120 bis 150 t: 40 bis 50 m
150 bis 170 t: bis 55 m
200 bis 320 t: bis 65 m

Die Zahlen veranschaulichen, daß jeder zusätzliche Meter Reichhöhe mit vielen, vielen Tonnen Baggergewicht bezahlt werden muss. Angesichts des nach wie vor geringen Anteils abzubrechender Bauwerke mit über 30 m Höhe werden demnach Long-Front-Bagger für noch größere Höhen weiterhin eine Ausnahme bleiben.

Bei allen Long-Front-Baggern sind der Transportaufwand und die Vielseitigkeit für nachfolgende Einsätze, auch im Erd- und Tiefbau mit kürzeren Auslegern (siehe separater Infokasten „Ausleger, wechsel dich!"), wichtige Kriterien. Auch aus diesen Gründen ist kaum zu erwarten, daß mit der gegenwärtigen Long-Front-Technik größere Höhen als 60 oder 70 m noch auf wirtschaftliche Weise zu erreichen sind.

Die meisten Long-Front-Ausleger bestehen aus drei oder mehr hydraulisch faltbaren Segmenten, einige haben auch teleskopierbare Teile, dann meist im unteren Bereich. Die überlangen Vollwandkonstruktionen bringen allerhand Gewicht auf den Oberwagen – dort, wo eigentlich nur wenig lasten soll, nämlich zwischen Werkzeug und Auslegerfuß.

Deshalb zählt das Anheben eines Long-Front-Auslegers samt 2 oder 3 t schwerem Werkzeug zu den schwierigsten Aufgaben für einen Bagger. Daher wählen einige Hersteller wie Kocurek im unteren Bereich teleskopierbare Auslegersegmente, was den Schwerpunkt näher an den Oberwagen rückt. Dies wiederum erlaubt auch bei 40 m hoch reichenden Long-Front-Auslegern, die im vollen 360-Grad-Schwenkbereich einsatzfähig sein sollen, die Verwendung vergleichweise „kleiner" Bagger der 80-t-Klasse. Zudem wird der Transport stark vereinfacht.

Andererseits erfordern teleskopierbare Auslegersektionen zahlreiche Zylinder, Schläuche, Leitungen und Gleitlager. Diese Gründe sprechen wiederum für reine Faltausleger, so dass sich hier die „Long-Front-Geister" scheiden. Bei Höhen bis etwa 30 m haben sich Faltausleger durchgesetzt, darüber haben beide Arten Vor- und Nachteile.

Beim Abbruch einer alten Möbelfabrik in Frankfurt an der Oder wurde 1994 dieser Cat 235D mit einem 26 m hoch reichenden Long-Front-Ausleger eingesetzt. Wegen der hohen Strukturen und besonderen Wand- und Deckenkonstruktionen arbeitete der Bagger meist mit großen Ausladungen in sicherem Abstand zum Abbruchgeschehen

Schon Ende der achtziger Jahre lieferte Komatsu den ersten PC400LC mit Abbruchausrüstung nach Europa. Der dreiteilige Long-Front-Ausleger für 22 m Arbeitshöhe und 16 m Reichweite wog rund 11 t. Der 46 t schwere Bagger mit verstärktem Unterwagen riß hier mit einer Krupp-Abbruchzange AZ 1100 einen Theaterbau auf dem historischen Markt in Potsdam ab

Mitte der neunziger Jahre zählte der in Serienausführung bereits 80 bis 83 t wiegende Caterpillar 375 zu den größten Long-Front-Baggern auf dem Markt. Die schweizerische Firma Eberhard setzte den 435 PS starken Bagger mit einem 38 m hoch reichenden Long-Front-Ausleger ein, der so auf fast 100 t Einsatzgewicht kam

LONG-FRONT STATT LANG-STIEL

Noch vor wenigen Jahren arbeiteten viele Abbruchbagger mit einer einfachen Stielverlängerung, die im Handumdrehen an den Schnellwechsler oder an die Löffelanlenkung anzusetzen war. Am Ende einer solchen Verlängerung befand sich jedoch keine bewegliche Kinematik für Anbauwerkzeuge, sondern nur Reißhaken oder Reißkante. Inzwischen haben die gelenkigen Long-Front-Ausleger derartige Abbruchstiele weitgehend verdrängt.

Das ist auf veränderte Abbruchbedingungen zurückzuführen: Heute ist nicht mehr planloser Abbruch durch einfaches Umreißen und -stürzen gefragt, sondern möglichst staub- und erschütterungsarmes sowie recyclinggerechtes Vorgehen. Dazu ist gezieltes Zupacken mit Betonknackern, Abbruch- und Sortiergreifern unverzichtbar.

Hier verliert der Abbruchstiel gegenüber jedem Long-Front-Ausleger an Boden, kann er doch nicht mit verschiedenen Abbruchausrüstungen arbeiten. Dennoch bietet sich mit dem Abbruchstiel eine einfache, effektive und kostengünstige Methode, „mal so eben“ die Reichweite des Baggers um bis zu 30 Prozent zu verlängern.

Ähnlich gute Dienste leisten einfache Verlängerungen des Auslegers. Dazu wird die Koppel der Stielspitze auf die Stielverlängerung montiert und durch eine Verbindungsstange vom Stielzylinder bewegt. Komatsu berichtet von einem PC340NLCD-7, der beim Abriß von zwei Wohnblöcken in wenigen Tagen 12 000 t Abbruchmasse mit einem gestreckt eingestellten Erdbauausleger plus 3,2 m langer Verlängerung bewältigte.

AUSLEGER, WECHSEL DICH!

Moderne Abbruchbagger müssen nicht tatenlos in der Ecke des Bauhofes stehen, sofern keine Abbrucharbeiten zu erledigen sind. „Ausleger, wechsel dich“ heißt die Zauberformel, und schon kann bedarfsweise innerhalb kurzer Zeit ähnlich wie bei einem Schnellwechsler anstelle des überlangen Long-Front-Auslegers ein ganz normaler Baggerausleger angesetzt werden.

Je größer und maßgeschneiderter ein Long-Front-Bagger ist, desto größer müssen die Investitionen sein. Die Erfahrungen zeigten jedoch, daß Bagger mit 25, 30 oder 40 m langen Abbruchauslegern leider nicht auf zufriedenstellende Auslastungen kommen, weder im europäischen Ausland noch in Deutschland.

Dies führte zur Entwicklung von Wechselauslegern: An einen Auslegerfuß kurz über dem Oberwagen wird entweder der Long-Front-Ausleger oder ein normaler Tieflöffel-Ausleger für den Erdbau angesetzt. Bei einigen Systemen sind auch „mittellange“ Kombinationen möglich, zum Beispiel für weniger hohe Abbruchprojekte oder sogar für Tiefbauarbeiten mit vergrößerter Reichweite.

Oft verlangen auch die Abbrucharbeiten unterschiedliche Ausleger. So werden hohe Gebäudestrukturen mit dem Long-Front-Ausleger abgetragen. Für das Brechen und Zerkleinern dicker Fundamente sowie für Ausschachtungs- und Tiefbauarbeiten, die große Losbrech- und Hubkräfte verlangen, wird später der Tieflöffelausleger angesetzt.

Der nicht benötigte Abbruchausleger wird auf einem Lagergestell abgelegt, das auch beim Transport auf dem Tieflader unter dem Long-Front-Ausleger mitgeführt wird. Für alle anfallenden Arbeiten liegen neben den beiden Auslegern verschiedene Löffel, Hämmer, Betonknacker und andere Ausrüstungen bereit. Ratsam ist es, wenn Tieflöffel- und Long-Front-Ausleger über identische Schnellwechsler verfügen.

Durch schnelle Auslegerwechsel kann durchaus ein zweiter Bagger eingespart werden, somit auch ein zusätzlicher An- und Abtransport. Deshalb lohnen sich fortschrittliche Auslegerwechselsysteme gleich in mehrfacher Hinsicht, denn sie benötigen nur kurze Wechselzeiten zwischen rund 15 und 45 Minuten.

Hoch und weit mit einem Ausleger

Eine der ersten Firmen, die derartige Wechselausleger entwickelte, war die Firma High-Far Specialty Booms Engineering + Consulting aus Muri in der Schweiz, die schon in den neunziger Jahren Abbruchausleger mit der Bezeichung MP für Hydraulikbagger der Gewichtsklassen 25 bis 65 t konstruierte. MP steht für das englische Multi Purpose = Vielzweck, und High-Far kann mit „hoch-weit“ übersetzt werden.

Jeder Standardbagger mit Monoblockausleger, ob neu oder gebraucht, konnte mit MP-Auslegersystem ausgestattet werden. Zur Umrüstung in eine normale Monoblockausrüstung wurde nur der Baggerführer benötigt, um Abbruch-

50 t wiegender RH 20 in Abbruchversion mit der 1996 vorgestellten „Kombi-Abbruchausrüstung“ von O&K für bis zu 24 m Arbeitshöhe, hier beim Abriß des Raiffeisengebäudes in Wetzlar. Deutlich zu erkennen ist das 2 t schwere Zusatzkontergewicht am Heck. Als Abbruchbagger hatte der RH 20 generell ein um 2 t auf 10 t vergrößertes Kontergewicht, so daß nun insgesamt 12 t wirkten. Durch das abgelegte „Umbaustück“ ließ sich der Bagger zum Tieflöffeleinsatz verwandeln. So konnte der RH 20 noch am gleichen Tag den Bauschutt verladen

Links: Der MP-Ausleger (MP steht für das englische Multi Purpose = Vielzweck) für Bolzenhöhen von 17 bis 24 m wurde Ende der neunziger Jahre von der schweizerischen Firma High-Far Specialty Booms aus Muri entwickelt. Mit dem Auslegersystem konnten neue oder gebrauchte Hydraulikbagger der Gewichtsklassen 25 bis 75 t ausgestattet werden. Dazu wurde der standardmäßige Monoblockausleger in zwei Teile geschnitten. Durch die Verwendung eines starren Verbindungsteiles, das je nach Bedarf eingesetzt oder entfernt wurde, konnte der Ausleger gestreckt oder wieder in die ursprüngliche Krümmung des Monoblockauslegers gebracht werden. Der Umbau von Abbruch- zu Standardausleger war innerhalb einer Stunde möglich

Unten: Interessante Konstruktionen stellen die „Multipurpose"-Ausrüstungen der Firma Aregger aus der Schweiz dar, hier an einem Komatsu PC 650 SE. Während das Mittelteil und der Stiel dem MP-Ausleger von High-Far ähnelten, ist die Anlenkung am Auslegerfuß anders gestaltet. Durch zwei weit auseinanderliegende Verbolzungen können sehr große Kräfte sicher aufgenommen werden *Foto: Urs Peyer*

Die neueren Abbruchausleger von Aregger gleichen bei Mittelteil und Stiel den ursprünglichen Konstruktionen, können aber bei Bedarf an einen Auslegerfuß der englischen Spezialfirma Kocurek (siehe separater Textkasten) montiert werden. An diesem Auslegerfuß kann der Komatsu PC750LCD-7 auch einen dreiteiligen 40-m-Long-Front-Ausleger tragen
Foto: Urs Peyer

Volvo-Bagger konnten schon in den neunziger Jahren mit Ausleger-Wechselsystemen geliefert werden. Der 26 m hoch reichende, dreiteilige Kocurek-Abbruchausleger des Volvo EC460LC wurde einfach in einen bereitstehenden Lagerbock abgelegt, so daß der Bagger anschließend übliche Tieflöffelarbeiten durchführen konnte

stiel und Streckelement zu entfernen. Der Kerngedanke bei der Entwicklung war, einen Abbruchausleger aus einem standardisierten Monoblockausleger und einer nur geringen Zahl zusätzlicher Bauteile zu schaffen, wobei fast alle Baugruppen dem Standardsortiment der jeweiligen Hersteller entsprechen. Mit dem MP-Ausleger konnten demnach Abbruch- und Tiefbauarbeiten erledigt werden.

Die neueste Generation von MP-Auslegern erreicht bei uneingeschränkter Werkzeug-Nutzlast von 2,5 t Abbruchhöhen bis zu 25 und -weiten bis 16 m. Der Ausleger kann komplett angebaut transportiert werden und ist sofort einsatzbereit. Die Verbindung der elf Hydraulikleitungen erfolgt durch patentierte Trennblöcke, die jeweils vier Leitungen innerhalb von Minuten ölverlustfrei verbinden oder trennen. Das Abdichten von Schläuchen oder Leitungen ist nicht erforderlich.

Durch ihre Bauweise eignen sich die Ausleger auch für den Tiefenabbruch und das Ausschachten bis in 14 m Tiefe sowie zum Planieren von Böschungen. Zur Erhöhung der Standsicherheit können die Bagger mit einem zusätzlichen Kontergewicht ausgestattet werden.

Abgelagerte Ausleger

Einige Baggerhersteller bieten ebenfalls wechselbare Abbruchausleger. So können bei Liebherr und Volvo die hoch und weit reichenden Abbruchausleger einfach in bereitstehenden Lagerböcken abgelegt werden. Anschließend ist der Bagger für ganz normale Tieflöffelarbeiten verfügbar. Volvo nennt als Wechselzeit durch das exklusive „Modular Joint System“ weniger als eine halbe Stunde, ohne daß der Fahrer

In dieser Bildmontage zeigt Liebherr anschaulich, wie vielseitig ein Bagger dank schneller Auslegerwechsel eingesetzt werden kann. Durch die Gelenkigkeit der Ausleger kann jede Höhe und zudem auch genügende Tiefe erreicht werden. Die Schnittstelle zwischen Tieflöffel- und Long-Front-Ausleger befindet sich unmittelbar über der Anlenkung der Ausleger-Hubzylinder

Oben: Je nach Häufigkeit des Auslegerwechsels gibt es bei Liebherr zwei unterschiedliche Schnittstellen zwischen Oberwagen und Ausrüstung, und zwar eine mechanisch lösbare mit Expanderbolzen und eine mit hydraulischer Ver- und Entriegelung. Die Hochdruckleitungen zwischen Schwenkarm und Ausleger sind durch Schnellverschlusskupplungen miteinander verbunden

Rechts: Die Auslegerkonzeption gestattet auch das Einsetzen eines Zwischenstückes über dem Auslegerfuß, hier bei einem der größten Long-Front-Bagger, einem 123 t wiegenden Liebherr R 974 B VH HD für 33, 37 oder sogar 41 m Höhe. Am Auslegerende können bis zu 2,5 t schwere Abbruchwerkzeuge wie diese um 360 Grad drehbare Kombischere betrieben werden

Hilfe benötigt. Die Verbindung weist nur eine obere Aufhängung sowie zwei hydraulisch betätigte Bolzen auf, um den Ausleger formschlüssig zu verriegeln.

Liebherr bietet je nach Häufigkeit des Auslegerwechsels zwei unterschiedliche Schnittstellenvarianten zwischen Oberwagen und Ausrüstung, und zwar eine mechanisch lösbare mit Expanderbolzen und eine mit hydraulischer Ver- und Entriegelung. Die Hochdruck-Hydraulikleitungen werden durch Schnellverschlußkupplungen miteinander verbunden. Die Niederdruck- und Schmierleitungen können durch das Multifast-Verriegelungssystem bequem mit einem Handgriff gelöst und verbunden werden.

Einige Komatsu-Bagger wie der PC340NLCD-7 besitzen eine vielfach kombinierbare dreiteilige Ausrüstung für Erdbau, Abbruch und Umschlagarbeiten. Dazu kann an den Auslegerfuß eine Tieflöffelausrüstung für bis zu 6,5 m Grabtiefe, bestehend aus Kurzausleger und Stiel, in zwei Positionen angebolzt werden.

Wird der Ausleger in gestreckter Ausführung montiert, entsteht eine für den Abbruch in bis 10 m Höhe nutzbare Ausrüstung, an die sich bis zu 2,4 t schwere Werkzeuge anbauen lassen. Wird der Grundausleger mit einem 3,2 m langen Adapterstück verlängert, steht ein Long-Front-Ausleger für 16,7 m Höhe zur Verfügung. Auf Wunsch kann eine größere Long-Front-Ausrüstung für 20 m Höhe geliefert werden.

Beim Genesis-Auslegerschnellwechselsystem Quick-Connect von Kiesel am aufgerüstet 68 t wiegenden Hitachi ZX500LCD ist der Auslegerwechsel in kurzer Zeit möglich, ohne daß der Fahrer die Kabine zu verlassen hat. Der Wechsel wird ohne oder höchstens mit einer Hilfskraft und praktisch ohne Ölverlust mit bis zu 20 Hydraulikanschlüssen durchgeführt.

Auf diese Weise kann der Bagger mehrmals täglich von Long-Front- auf HD-Abbruch- oder Erdbauausrüstung umwechseln. Dadurch kann auch kurzzeitig mit einem größeren Anbauwerkzeug am Erdbau- oder HD-Ausleger gearbeitet werden. Kiesel berichtet von einem Einsatz, wo fünf- bis sechsmal täglich vom 26 m hoch reichenden Long-Front-Ausleger zum kürzeren Erdbau- und Abbruchausleger gewechselt wurde.

Caterpillar bietet ebenfalls ein Wechselsystem für Long-Front-Ausleger, hier beim 83 t schweren 365B mit einem 33,1 m hoch reichenden Ausleger. Durch einen Verachtert-Schnellwechsler CW45S können unterschiedliche Werkzeuge wie Betonschere, Pulverisierer, Abbruchgreifer, Hydraulikhammer und mehr angebaut werden

Nur der Fachmann erkennt, daß hier kein normaler Raupenbagger, sondern ein umgebauter Long-Front-Bagger arbeitet. Ersichtlich ist das an der Verdickung über dem Auslegerfuß. Dort befindet sich der Kernpunkt des Genesis-Auslegerschnellwechselsystems Quick-Connect (GQC) von Kiesel Baumaschinen

Beim aufgerüstet 68 t wiegenden Hitachi ZX500LCD kann der komplette Auslegerwechsel in weniger als fünf Minuten durchgeführt werden, ohne daß der Fahrer die Kabine zu verlassen hat. Der Wechsel wird ohne oder höchstens mit einer Hilfskraft und praktisch ohne Ölverlust mit bis zu 20 Hydraulikanschlüssen durchgeführt

Der angebaute Long-Front-Ausleger reicht bis zu 26 m hoch. Damit der Bagger auch bei großen Ausladungen sicher steht, wurde hinten ein zusätzliches Gegengewicht angeordnet. Bei einem Einsatz wurde fünf- bis sechsmal täglich vom Long-Front zum kürzeren Erdbau- und Abbruchausleger gewechselt

Long-Front-Bagger gehören inzwischen zum festen Produktrepertoire vieler großer Baumaschinenhersteller. Firmen wie Liebherr werben regelmäßig in internationalen Fachzeitschriften, wobei die Abbruchtechnik ebensolchen Stellenwert erhält wie die Erdbau- und Bergbautechnik

Auch Caterpillar wirbt regelmäßig nicht nur mit herkömmlichen Baumaschinen, sondern auch mit Long-Front-Baggern. Gegenüber der Serienversion mit 34 bis 37 t Gewicht bringt der 330C L mit Long-Front-Ausleger sogar bis zu 49 t auf die Waage

LONG-FRONTS ALS NEUE BAGGERGATTUNG

Als die ersten Hydraulikbagger beim Abbruch vereinzelt neben den beliebten Seilbaggern auftauchten, konnte niemand ahnen, daß daraus eine eigenständige Baggergattung entstehen würde. Long-Front-Bagger unterscheiden sich nicht nur beim Ausleger von ihren Brüdern im Erdbau. Vielmehr erfahren auch Ober- und Unterwagen, Kontergewichte und Fahrerhaus umfangreiche Modifikationen.

Sogar die Standardhydraulik genügt oft nicht, um 20, 30 oder gar 40 m lange Ausleger zu bewegen und in solchen Höhen hydraulische Werkzeuge effektiv zu betreiben. Long-Front-Bagger müssen außerordentliche Hydraulikleistungen aufbringen, um überlange Ausleger mit einer größeren Anzahl von Hydraulikzylindern als bei Standardauslegern und tonnenschwere Hydraulikwerkzeuge im Dauerbetrieb zu bewegen.

Deshalb gibt es keine kleinen Long-Front-Bagger, ebenso keine als Mobilbagger. Speziell für Abbrucharbeiten konzipierte Bagger mit Long-Front-Auslegern starten erst bei rund 30 t Gewicht – und enden bei über 300 t schweren Abbruchkolossen (siehe separater Infokasten „Wolken-Kratzer“).

Nicht jeder Hydraulikbagger eignet sich zum Abbruchbagger, soll er doch eine Vielzahl einsatzspezifischer Parameter erfüllen. Der wohl wichtigste Punkt betrifft die Standfestigkeit und Tragfähigkeit des Abbruchbaggers. Zur Ermittlung der Standfestigkeit genügt meist nicht der schnelle Blick ins Datenblatt, denn wichtig sind die möglichen Ausrüstungsgewichte in großer Höhe und bei großen Reichweiten, und das nicht nur in Längsrichtung des Unterwagens, sondern auch bei 90 Grad geschwenktem Oberwagen.

Einige Hersteller betonen, daß bei ihren Long-Front-Baggern sämtliche Reichhöhen, Reichweiten und Traglasten im vollen 360-Grad-Schwenkbereich gelten. Bei anderen Baggern darf bei größten Ausladungen, Höhen und Werkzeuggewichten nur im 30-Grad-Schwenkbereich nach links und rechts gearbeitet werden. Das schränkt den Verlauf normaler Abbrucharbeiten kaum ein, es sei denn, der Bagger muß ständig mit quer stehendem Unterwagen parallel zur Gebäudefront hin- und herfahren.

Links: Das in internationalen Fachzeitschriften auftauchende Anzeigenmotiv von Hitachi zeigt einen Zaxis ZX350LCK mit Long-Front-Ausleger. Der Slogan könnte frei mit „Nichts ist außer Reichweite" übersetzt werden

Rechts: Long-Front-Bagger gewinnen zunehmend an Bedeutung: Bei speziellen Abbruchtagen präsentierte JCB vor Kunden aus aller Welt 2006 die beiden Abbruchbagger JS 460 (links) mit einem zweiteiligen Ausleger von Kocurek und den JS 330 HRD mit einem von JCB entwickelten dreiteiligen Abbruchausleger. Durch das modulare System kann der Long-Front-Ausleger hydraulisch entkoppelt und auf einem Transportgestell abgelegt werden

Oben: Gerne präsentieren die Hersteller auf Baumaschinenmessen neben konventionellen Maschinen auch Abbruchbagger, so New Holland auf der bauma 2007 in München den 41 t wiegenden E385 LC Demolition für maximal 23 m Arbeitshöhe. Das Zwischenstück über dem Auslegerfuß (mit der unteren New Holland-Beschriftung) kann bei Bedarf herausgenommen werden

Der je nach technischer Ausstattung 41 bis 49 t schwere Cat 330 ist der zweitgrößte Abbruchbagger mit Long-Front-Ausleger in einer speziellen, aus fünf Modellen bestehenden Baureihe von Caterpillar mit Gewichten zwischen 34 und rund 100 t für Reichhöhen zwischen 18 und 40 m. Bei den Baggern wurden der Ober- und Unterwagen gegenüber den Standardversionen erheblich verstärkt und das Kontergewicht erhöht

Links: Der PC450LC-7, je nach Ausstattung zwischen 47 und 68 t schwer und für 25 m größte Reichhöhe konzipiert, gehört zum Standardprogramm der Abbruchbagger von Komatsu. Oberwagen und Drehkranz sind speziell für die harten Anforderungen im Abbruch verstärkt; der Unterwagen verfügt serienmäßig über eine mechanische oder optional über eine hydraulische Spurweitenverstellung

Liebherr bietet keine spezielle Baureihe von Abbruchbaggern, stattet seine Long-Front-Bagger jedoch mit einem umfassenden Paket von Modifikationen aus, zum Beispiel einem hydraulisch verstellbaren Unterwagen. Beim Liebherr R 954 C Litronic kann zwischen sechs Unterwagenvarianten und fünf Auslegerbestandteilen gewählt werden, was die Einsatzgewichte zwischen 53 und 68 t schwanken läßt

Neben Umschlagmaschinen und Kranen fertigt Sennebogen auch Long-Front-Abbruchbagger. Der 55 t wiegende 835 RHD Spezial mit teleskopierbarem Unterwagen und bis zu 17 m Arbeitshöhe verfügt über eine hochfahrbare und neigbare Kabine und ist mit einer 3,5-t-Abbruchschere vom Typ VTC50 ausgestattet. Die Arbeitsausrüstung eignet sich für vielseitige Einsatzmöglichkeiten wie Abbruch, Verladearbeiten und Materialumschlag

Auch Case stattet Abbruchbagger wie den rund 60 t schweren CX 460 mit Long-Front-Auslegern von Kocurek aus, hier für bis zu 26 m Höhe. Der Bagger erhielt ein zusätzliches Gegengewicht von 4,5 t. Als Werkzeug wurde bei diesem Projekt in Mannheim ein Steck-Abbruch-Greifer mit hydraulischer Drehvorrichtung und Schnellwechsler verwendet. Aus Platzgründen konnte der über 6 m lange Unterwagen nur parallel zum Gebäude positioniert werden

Eigens für Abbrucharbeiten entwickelte Volvo die Baureihe der Standardabbruchbagger wie dem EC360B (inzwischen C-Serie, 21 m Reichhöhe) mit sechs Modellen bis hin zum 70-t-Bagger EC700B, hinzu kommen die zwei sogenannten HR-Modelle (HR = High Reach) EC360C HR und EC700B HR für Reichhöhen von 21 bis 32 m. Alle Bagger verfügen über neigbare Kabinen und umfassenden Unter- und Oberwagenschutz

Long-Front-Bagger müssen über große Tragkräfte bei hoher statischer und dynamischer Standsicherheit verfügen. Beim Ziehen fest sitzender Gebäudeteile werden den Baggern große Kräfte abverlangt, die oft über die normalen Tragkäfte an der Auslegerspitze weit hinausgehen.

Außerdem stehen Bagger bei Abbrucharbeiten oft wacklig, zum Beispiel auf geneigten, bröckelnden Schutthalden oder instabilem Untergrund. Nicht selten rutschen Hämmer und Betonknacker ab, was die Standfestigkeit eines sowieso „kipplig" stehenden Baggers mit zusätzlichen dynamischen Kräften hart auf die Probe stellt.

Entscheidend für den zügigen Verlauf der Abbrucharbeiten ist auch die Tragfähigkeit des Long-Front-Auslegers. Hinzu kommt das zusätzliche Gewicht eines Schnellwechslers an der Long-Front-Spitze, falls unterschiedliche Werkzeuge angesetzt werden sollen, und das beträchtliche Gewicht der größten und schwersten Abbruchwerkzeuge. All dies hat großen Einfluß auf die Effektivität und Schnelligkeit der Arbeiten.

Hier muß daran gedacht werden, daß immerhin tonnenschwere (Werkzeug-) Lasten, die in Höhen von 20 bis 50 m ruckig bewegt werden, außerordentlich hohe Belastungen auf Bagger und Unterwagen ausüben. Dabei sollte der Bagger plötzliche und heftige Auslegerbewegungen ohne unsicher schaukelnden und wippenden Unterwagen verkraften. Dies wiederum er-

Mit 82 bis 88 t Einsatzgewicht und maximal 33,1 m Reichhöhe oder 21,5 m Reichweite zählt der Cat 365B L zu den „großen Kalibern“ unter den Long-Front-Abbruchbaggern. Er kann bei voller Reichweite bis zu 3 t wiegende Abbruchwerkzeuge am Stielende tragen

Vor nunmehr zehn Jahren, also 1998, galt der Komatsu PC750SE-6 mit knapp über 100 t Einsatzgewicht und fast 40 m Reichhöhe als größter Abbruchbagger Europas, hier bei einem seltenen, weil gefährlichen Einsatz mit weit hoch gestrecktem Ausleger. Zur Verbesserung der Standfestigkeit erhielt der verstärkte Unterwagen an den Raupenschiffen separate Außenrahmen, an deren Enden jeweils eine Abstützung hydraulisch abzusenken war

Mit den abzubrechenden Gebäuden und den Projektgrößen wachsen auch die Long-Front-Bagger: Während rechts der Liebherr R 954 B V „nur“ 27 m hoch reicht, kommt der R 974 B VH-HD links bereits auf 37 m Arbeitshöhe. Doch das verlangt nach einer standfesten Basis: Reichen rechts noch 68 t Einsatzgewicht, sind beim linken Bagger immerhin 120 t erforderlich, also fast eine Gewichtsverdoppelung für 10 m mehr Höhe leichtert das zügige und genaue Neuansetzen der Betonzange, das durch einen wippenden Bagger und einen nachschwingenden Ausleger natürlich behindert wird.

Wichtig beim Einsatz der überlangen Abbruchausleger ist gar nicht unbedingt die größte Reichhöhe, sondern vielmehr die maximale Reichweite bei vertretbaren beziehungsweise benötigten Reichhöhen. Denn das Arbeiten mit steil, sogar fast senkrecht angestelltem Abbruchausleger gefährdet Mensch und Maschine in starkem Maße, weil der Bagger nun sehr dicht vor dem Abbruchgeschehen stehen muß. Wesentlich sicherer ist das Arbeiten mit weit entfernt stehendem Bagger und entsprechend großer Ausladung – bei großer Höhe des unteren, fast senkrechten Auslegerteiles.

Nun weisen aber alle Long-Front-Ausleger aufgrund ihrer Bauart eine nur recht begrenzte Reichweite auf. Deshalb werden in Abbruchverbänden verschiedener Länder Leitfäden ausgearbeitet, um Long-Front-Bagger nicht zu dicht an abzubrechende Bauwerke heranrücken zu lassen. Der Abstand soll mindestens 0,5mal der Höhe des Abbruchobjektes entsprechen.

Doch angesichts immer höher reichender Long-Front-Ausleger und den immer größeren Bauwerken, die damit abzureißen sind, wird die Frage des Sicherheitsabstandes zunehmend problematischer. Beispielsweise müßte ein Bagger mit 60-m-Ausleger schon

Der aus dem PC750SE-6 weiterentwickelte PC750SLF (SLF = Super Long Front) mit bis zu 39,5 m Reichhöhe und Abstützungen am Unterwagen wurde für den Abriß einer Fabrikanlage in Tschechien mit einer Funkfernsteuerung ausgestattet. So kann der Fahrer jederzeit aus der Ferne bedienen, um beispielsweise nicht von der Sonne geblendet zu werden oder bessere Sicht zu haben

Kleiner und großer Baggerbruder: Ein 110 t schwerer Komatsu PC750LCD-7, hier hinter einem Mikrobagger PC09, der schweizerischen Firma Aregger wurde von Kocurek mit einem dreiteiligen 40-m-Ausleger mit zwei unteren Teleskopsektionen ausgestattet, der in 30 Minuten gegen einen normalen Ausleger umgewechselt werden kann. Statt der Abstützungen erhielt der Bagger nun einen breiteren Unterwagen. Robuste Abstreifer an den Ketten schützen den Oberwagen vor Beschädigungen durch festklemmende, hochstehende Teile

Der Cat 5080 wurde ursprünglich für Steinbrüche und Bergbau entwickelt, war aber mit seinem Long-Front-Ausleger für 39,5 m Arbeitshöhe und je nach Ausstattung 102 bis 110 t Einsatzgewicht einer der größten Abbruchbagger Europas. Der Bagger trägt bis zu 3 t wiegende Abbruchausrüstungen wie hier eine Kombischere, und das bei 25,1 m größter Reichweite. Inzwischen stellte Cat die Produktion der 5000er-Serie ein

Größter Abbruchbagger von Caterpillar ist heute der 385C L UHD (UHD = Ultra High Demolition) mit über 100 t Einsatzgewicht und 25,4 m Reichhöhe oder 40,4 m Reichweite. Die italienische Firma Eco.Ge erwarb Ende 2006 den ersten dieser Abbruchbagger in Europa, der bei seinem ersten Einsatz den Abbruch von sechs jeweils 43 m hohen, eng zusammenstehenden Silos in einer alten Raffinerieanlage übernimmt. Der Bagger trägt an der Auslegerspitze bei voller Reichweite oder -höhe Werkzeuge mit maximal 2 t Eigengewicht.
Der Oberwagen des 385C L UHD mit 530 PS leistendem Cat-Motor verfügt serienmäßig über eine kippbare Fahrerkabine und Schutzgitter. Als normaler Tieflöffelbagger wiegt der 385C L „nur“ zwischen 84 und 87 t. Der Abbruchbagger rollt demnach mit annähernd 20 Prozent mehr Gewicht an

30 m vom Abbruchobjekt entfernt stehen. Dies erfordert jedoch viel zu weite Ausladungen, die überschwere Basismaschinen verlangen würden.

Aus diesen Gründen tendiert man gegenwärtig bei Höhen von 24 bis 48 m zu einem Drittel Abstand und ab 48 m Höhe zu einem gleichbleibenden Abstand von 20 m. Man geht davon aus, daß eigentlich nur zerkleinerte Bauteile abstürzen und zwischen Bauwerk und Bagger zersplittern. Ob die 20 m Abstand aber bei den geplanten Long-Front-Höhen von bis zu 90 m (!) genügen werden, bleibt abzuwarten.

Außerdem muß darauf geachtet werden, daß die gemäß ISO 10567 verlangte Standsicherheit von 25 Prozent unter allen Bedingungen gewährleistet ist – also auch beim Verfahren und Arbeiten auf unebenen, unbefestigten Schutthaufen und besonders auf geneigten Flächen. Weil Pratzenabstützungen die unbedingt bei Abbrucharbeiten erforderliche Mobilität des Baggers einschränken können, erscheint ein verbreiterter und verstärkter Baggerunterwagen zur Erhöhung der Standsicherheit ratsamer.

Deshalb wird die Arbeitssicherheit mit einem Lastmomentbegrenzer verbessert, den übliche Bagger eigentlich nie, Krane jedoch stets haben. Einige Hersteller bieten ähnliche Systeme als automatische Reichweitenbegrenzung, die unentwegt die Standsicherheitswerte berechnet und bei einer Überschreitung des Sicherheitsabstandes (also der Ausladung) automatisch abschaltet. Dann sind nur noch Ausleger- und Werkzeugbewegungen zurück in den Sicherheitsbereich möglich.

Fragwürdig werden die Belange der Sicherheit allerdings, wenn der Fahrer mit einem (zwar gut gemeinten) Kauderwelsch informiert wird, das eigens an der Innenseite der Fahrerkabine als Aufkleber Nr. 303.604.2 warnt: „Seien sie sicher, superlange demolierungs-front mit der frontseite zu benuetzen, die in richtung zur niedrigen maschine in der arbeitsstrecke in position gebracht wird. Bringen sie die fahrmotoren zur rueckseite in position. Bedienung die asuleger, damit der ausleger punkt immer in der grunen strecke ist.“

Dieses Wortwirrwarr war 2006 in einem knapp 63 t wiegenden Long-Front-Bagger einer japanischen Marke zu entdecken. Wenn zig Tausende in die Entwicklung modernster Bagger und Auslegersysteme gesteckt werden, wenn solche Bagger Investitionen beachtlicher Größenordnungen erfordern, warum wird dann an der fachgerechten Übersetzung eines lebenswichtigen Aufklebers gespart? Hier wäre etwas mehr Qualität besser, weil es um die Arbeitssicherheit geht – und immerhin um Menschenleben ... !

ABBRUCH-SPEZIALISTEN

Zahlreiche Long-Front-Ausleger stammen nicht von den Baggerherstellern, sondern von Firmen, die sich auf Abbruchausrüstungen und -ausleger spezialisiert haben. Die wichtigsten Hersteller von Long-Front-Abbruchauslegern sind die italienische Firma C.M.O.2 mit dem dazu gehörenden Baggerhersteller PMI (Padana Macchine Industriali) sowie Kocurek aus England. Beide Firmen weisen in ihren Referenzen Ausleger für alle namhaften Baggerfabrikate vor.

Den noch vor einigen Jahren größten hydraulischen Abbruchbagger Europas, vielleicht auch der Welt, fertigt die italienische Firma C.M.O.2 aus Gossolengo in Piacenza, die 1997 den italienischen Baggerhersteller PMI erwarb und zudem als Deawoo-Händler (heute Doosan) fungiert. Der PMI 980 „Superlong Demolition“, aufgerüstet 140 t wiegend, erreicht mit seinem Ausleger, davon die unteren 8 m teleskopierbar, und angebauter 1,3-t-Betonzange beachtliche 50 m Arbeitshöhe.

Wird der Ausleger anders konfiguriert, ergeben sich zum Beispiel 26 m Arbeitshöhe mit bis zu 5 t schweren Abbruchwerkzeugen oder 40 m mit 2,7-t-Werkzeugen. Interessant ist die Modulbauweise des Auslegers, die mehrere verschiedene Reichhöhen und -weiten ermöglicht.

Der Unterwagen mit 700 mm breiten Bodenplatten ist von 3,49 m Transport- auf 4,8 m Arbeitsbreite auszufahren. Um die Standsicherheit weiter zu steigern, verfügt der PMI 980 bei Bedarf über vier am Unterwagen angeordnete Pratzenabstützungen, die im ausgefahrenen Zustand das volle 360-Grad-Schwenken des Oberwagens gestatten. Der PMI 980 wiegt in Transportzustand 75 t.

Der neue PMI 150 basiert auf dem PMI 980 und soll vielseitiger als sein Vorgänger sein. Mit 1,5 t wiegendem Betonknacker kann der PMI 150 in Höhen von bis zu 53 m arbeiten. Der Long-Front-Ausleger ist für flexible Einsatzgestaltung bis hin zum Tieflöffelbetrieb bis 8,4 m Tiefe modular aufgebaut: 6,15 m Grundausleger, 10,4 und zwei 5 m lange Mittelteile, dreiteiliger 23,5-m-Faltausleger. In bis zu 33 m

Ursprünglich von der italienischen Firma Padana Macchine Industriali als 40-t-Bagger für den Erd- und Tiefbau konzipiert, hat sich der PMI 940 inzwischen zum reinen Long-Front-Bagger gewandelt. Der Ausleger ist nicht für den schnellen Umbau bestimmt, sondern bleibt auch beim Transport am Bagger

Der zwischen 29 und 33 t wiegende Abbruchbagger PMI 930 des italienischen Herstellers C.M.O.2 wird von einem 208 PS starken Iveco-Motor angetrieben. Gegenüber der früheren Erdbauversion mit Tieflöffel wurde der Raupenbagger mit umfangreichen Modifikationen versehen

Bis zu 50 m hoch reicht der aufgerüstet 140 t wiegende italienische PMI 980 mit seinen zahlreichen Auslegervarianten, hier mit 46 m Höhe für bis zu 2 t schwere Abbruchausrüstungen. Der Bagger gilt derzeit als einer der größten Abbruchbagger Europas. Die vier weit ausladenden Abstützungen am Unterwagen sorgen für hohe Standsicherheit

Höhe können 3,5 t schwere Werkzeuge, bis 38 m noch 2,5 t und bis 43 m noch 2,2 t schwere angebaut werden.

Je nach Ausrüstung bringt der Abbruchriese 130 bis 150 t auf die Waage. Um gefährliches Aufschwingen des hochgefalteten Auslegers zu vermeiden, besitzt der PMI 150 ein elektronisches Kontrollsystem zur Dämpfung und Feinabstimmung der Bewegungen des Long-Front-Auslegers.

Mit UHR zu neuen Höhen

Weltweit führend bei Long-Front-Auslegern dürfte die englische Firma Kocurek aus Ipswich in Suffolk sein. Immerhin rüsteten die Briten bereits zahlreiche Abbruchbagger von Case, Hitachi, JCB und Volvo mit Long-Front-Auslegern aus. Auch für größere Caterpillar-, Komatsu- und Liebherr-Bagger lieferte Kocurek Long-Front-Ausleger.

Kocurek produziert seit 27 Jahren Abbruchausleger und beschäftigt rund 100 Mitarbeiter. Über 80 Prozent der Ausleger werden exportiert. Rund um den Globus wird mit

Der Ausleger des PMI 980 kann aufgrund seiner Modulbauweise für unterschiedliche Reichhöhen und -weiten konfiguriert werden. Die unteren 8 m sind teleskopierbar. Bei 50 m Arbeitshöhe kann mit einer 1,3-t-Betonzange gearbeitet werden, bei 26 m mit bis zu 5 t schweren Abbruchwerkzeugen oder bei bis zu 40 m Höhe mit 2,7-t-Werkzeugen. Am Raupenfahrwerk sind die vier Anlenkpunkte für die Abstützungen zu erkennen

Auf dem PMI 980 basiert der neuere, aufgerüstet um die 150 t wiegende PMI 150 „Superlong Demolition“ von C.M.O.2, der vielseitiger als sein Vorgänger nutzbar sein soll. Mit 1,5 t schwerem Betonknacker kann der PMI 150 in Höhen bis zu 53 m arbeiten, hier beim Abriß von insgesamt 380 000 m³ armiertem Beton. Dank anderer Auslegerkonfigurationen ist sogar Tieflöffelbetrieb für maximal 8,4 m Tiefe möglich. Eindrucksvoll ist der große, sechsteilige Ausleger mit 10,4 und zwei 5 m langen Mittelteilen sowie dreiteiligem 23,5-m-Faltausleger

Für den in Abbruchversion 39 t wiegenden JCB JS 330 HRD konzipierte Kocurek einen dreiteiligen Long-Front-Ausleger, hier mit einer Krupp-Abbruchzange CC 1501. Wie bei Kocurek meistens der Fall, kann der Ausleger unten über dem Auslegerfuß abgenommen und gegen kürzere Tieflöffelausleger ausgetauscht werden

Kocurek-Auslegern abgebrochen, auch in den USA, in Rußland oder auf den Philippinen und den Falkland-Inseln. Außerdem vermietet Kocurek Long-Front-Bagger.

Das Standardprogramm umfasst zwei- und dreiteilige Long-Front-Ausleger für Bagger der 25- bis 65-t-Klassen. Je nach Ausführung reichen sie 17 bis 30 m hoch und tragen bis zu 2,5 t schwere Werkzeuge. Die Wandlung zum Abbruchbagger beinhaltet Änderungen der Kabine, den Einbau von Lastmomentbegrenzern, Dachverglasung und -scheibenwischern sowie hydraulisch in der Spurbreite verstellbare Raupen.

Mit der in unserer Sprache etwas eigenartig klingenden Abkürzung UHR bezeichnet Kocurek eine neue Generation von Long-Front-Auslegern für Bagger der 65- bis 120-t-Klassen. UHR steht für „Ultra High Reach“, gemeint sind ein-, zwei- oder dreifach teleskopierbare Abbruchausleger für Bolzenhöhen zwischen etwa 35 und 50 m und bis zu 2,5 t schweren Werkzeugen. Bei den Baggern werden die Raupenschiffe durch eine starre Erweiterung um ein bis zwei Laufrollen verlängert und um 850 mm zu jeder Seite hydraulisch in der Spur verbreitert.

Alle Long-Front-Ausleger sind mit dem „Modular Joint“ ausgestattet, das den Umbau zum konventionellen Baggerbetrieb in weniger als 30 Minuten und das schnelle Abnehmen des Auslegers für den Transport erlaubt. Sogar bei den UHR-Maschinen bis hin zum 120-t-Bagger soll dies in 90 Minuten möglich sein. Die hydraulischen Anschlüsse werden durch leckfreie Schnellkupplungen verbunden und verlangen keinerlei Werkzeuge.

Kocurek muß an der Auslegerspitze kein Gewicht sparen, weder bei Zylinder noch Koppel, da jeder Long-Front-Ausleger aus Weldox 700 gefertigt wird, ein leichter schwedischer Spezialstahl. So wiegt ein Kocurek-Ausleger nur 9 t, ein gleich langer Ausleger anderer Fabrikate 12 t und mehr.

Deshalb wird bei den Hydraulikleitungen auch kein Gewicht gespart, so dass die Firma mit Rohrwandstärken von bis zu 5 mm arbeitet. Dadurch sollen die Long-Front-Ausleger äußerst robust sein und die Hydraulik härtesten Stößen dauerhaft widerstehen.

Europäische Rekordhalter

Die englische Firma stattete 2003 für die englische Abbruchfirma 777 Demolition einen als Standardbagger 109 t schweren Hitachi EX1200-5 mit einem Ausleger für 52 m Reichhöhe aus. Der aufgerüstete Abbruchbagger wiegt 130 t. Sein dreiteiliger Falt-Teleskopausleger kann in weniger als drei Minuten von 32 m auf volle Höhe ausgefahren werden.

Durch die Nutzung eines teleskopierbaren, kompakten Auslegers konnte die Basismaschine kleiner und damit kostengünstiger sein als bei einem Faltausleger. Durch die Kombination von Faltung und Teleskop sind Bagger und Ausleger als eine Einheit zu transportieren. Dadurch ist der Long-Front-Bagger nach einer knappen halben Stunde einsatzbereit.

Sowohl für ein schweizerisches als auch ein französisches Abbruchunternehmen rüstete Kocurek Komatsu PC1250 mit Abbruchausrüstungen und teleskopierbaren Long-Front-Auslegern für 55 m Reichhöhe aus. Beide Maschinen gelten als die größten Abbruchbagger ihrer Länder. Durch die erheblichen Modifikationen an Unter- und Ober-

Kocurek rüstet den Case CX 800 zum 98,5 t schweren Long-Front-Bagger für bis zu 40 m Reichhöhe um. Der Unterwagen wäre zu kurz und schmal für einen so großen UHR-Ausleger (Ultra High Reach), deshalb werden die Raupenschiffe von Kocurek um ein bis zwei Laufrollen auf 7,5 m verlängert. Die Gesamtbreite der Raupen kann hydraulisch von 3,5 m auf 5,1 m verstellt werden

Kocurek stattet Abbruchbagger nicht nur mit Tiltkabinen, Schutzrahmen und Dachscheibenwischern aus, sondern ändert Streben und Verglasung, Fahrersitz und Bedienelemente. Bei diesem Test des Case CX 800 blieb der Ablagebock während des Fahrens am Long-Front-Ausleger

wagen samt hydraulisch an- und absetzbarem Zusatzkontergewicht vergrößern sich die Baggergewichte auf rund 160 t.

Gegenwärtig beschäftigt man sich bei Kocurek mit zwei neuen Rekordmaschinen: Für 777 Demolition wird ein weiterer Hitachi EX1200, für DSM Demolition der erste EX1200 mit einem teleskopierbaren Long-Front-Ausleger konstruiert. Bei beiden Baggern wird nun die 60-m-Marke angestrebt, was zunächst ein neuer europäischer Höhenrekord für Abbruchausleger wäre.

Der Case CX 800 Demolition mit Kocurek-Ausleger wurde auf der Intermat 2006 in Paris vorgestellt. Das erste Exemplar kam in Halle beim Abriß zehn elfgeschossiger, bis zu 37 m hoher Plattenbauten zum Einsatz. Der untere Teil des Auslegers ist teleskopierbar. Für noch bessere Standsicherheit zusätzlich zum breiten und langen Unterwagen sorgt eine Arbeitsbereichsüberwachung von GKD

Der UHR-Ausleger (Ultra High Reach) von Kocurek für den 80-t-Bagger Hitachi Zaxis 850 reicht 40 m hoch oder 20 m weit, kann gegen einen Erdbauausleger mit Tieflöffel getauscht und dazu samt Ablagegestell gehoben und verfahren werden. Viele Baggerhersteller bedienen sich für den europäischen Markt der bewährten Kocurek-Ausleger
Kleines Bild: Alle Long-Front-Ausleger von Kocurek sind dank des Modularsystems in weniger als 30 Minuten abnehmbar, was nicht nur den Transport erleichtert und beschleunigt, sondern auch die schnelle Umrüstung für normale Erdarbeiten mit dem Tieflöffel. Dieses Merkmal wird besonders hervorgehoben, denn Umrüstzeiten sind unproduktive Zeiten

Auf den Wunsch des englischen Kunden 777 Demolition rüstete Kocurek den 70-t-Bagger EC700B LC von Volvo mit einem speziellen, weil um 3 m teleskopierbaren Long-Front-Ausleger für maximal 35 m Arbeitshöhe aus. Der Bagger wiegt so mehr als 80 t und wurde aufgrund der vorzüglichen Erfahrungen mit drei EC360BLC-Long-Front-Baggern bestellt, die sich bei 777 bestens bewährten

Während in Europa C.M.O.2 und Kocurek die bekanntesten Hersteller von Long-Front-Auslegern sind, kommt dieser Ruf in den Vereinigten Staaten der Firma Jewell Manufacturing zu. Produziert werden sowohl faltbare als auch teleskopierbare Ausleger für Reichhöhen bis knapp 40 m

Trotz Long-Front und großer Reichhöhen reicht es nicht immer: In solchen Fällen müssen sogar Long-Front-Bagger Schutthalden erklimmen, um zusätzliche Höhe zu gewinnen. Dieser Cat 330C für 21,1 m maximale Reichhöhe arbeitete für den Abriß von drei bis zu 40 m hohen, schadstoffbelasteten Getreide-Silos in der Stadt Niebüll von erhöhtem Standpunkt aus

Weil Seilbagger zunehmend rarer werden, besinnt man sich bei sehr hohen Abbrucharbeiten wieder auf den guten, alten Abbruchstiel samt Haken, der anstelle anderer Ausrüstungen am Schnellwechsler montiert wird, hier bei einem JCB JS260 NLC mit Long-Front-Ausleger von Kocurek

Auch die größten unter den Long-Front-Baggern greifen bei speziellen Einsätzen auf einen Abbruchstiel zurück. Dieser R 974 B HD-EW, mit 123 t Dienstgewicht und 41 m Reichhöhe der größte Abbruchbagger im Liebherr-Programm, wurde vom französischen Abbruchunternehmen Cardem zum Abriß von vier Häuserblocks in Givors mit einem 5,5-m-Stiel ausgestattet, was die Reichhöhe auf 46,5 m vergrößerte

MODIFIKATIONEN FÜR HARTE EINSÄTZE

Um Long-Front-Bagger fit für den Abbruch zu machen, sind zahlreiche Modifikationen unumgänglich. Das beginnt am Unterwagen, dessen Raupenschiffe verlängert und hydraulisch in der Breite teleskopiert werden können, damit der Oberwagen im 360-Grad-Bereich sicher mit dem Long-Front-Ausleger arbeiten kann.

Liebherr bietet bei den Abbruchbaggern die Wahl zwischen mechanisch und hydraulisch verstellbaren Unterwagen. Bei Volvo-Abbruchbaggern wird die Unterseite des Unterwagens durch zusätzliche, 10 mm starke Platten geschützt. Seitliche Schutzplatten an den Raupenschiffen können vor besonders harten Einsätzen angeschraubt werden.

Die Oberwagen der Long-Front-Bagger erhalten für uneingeschränkten 360-Grad-Betrieb nicht nur zusätzliche Kontergewichte, sondern manchmal auch einen Schwerlast-Seitenschlagschutz aus bis zu 70 mm dicken U-Profilen. Die Rahmenverstärkung schützt Türen, Motorklappen und Oberwagenseiten vor Beschädigungen beim Schwenken und durch herabfallende Trümmer.

Für staubarmes Arbeiten haben manche Bagger eine Bewässerungsanlage: Gespeist von einer hydraulisch angetriebenen Bordpumpe, führen ein oder zwei Wasserleitungen bis an die Spitze des Long-Front-Auslegers. Dort halten ein oder zwei Düsen den Arbeitsbereich um das Abbruchwerkzeug ständig feucht.

Bei Long-Front-Baggern mit über 25 m Reichhöhe haben sich neig-

Nicht nur in Europa, auch in Nordamerika werden immer höher reichende Long-Front-Bagger benötigt, zumal Seilbagger mit vergleichbaren Reichhöhen (und deren erfahrene Bediener) immer seltener werden. Dieser aufgerüstet rund 160 t schwere Komatsu PC1250LC erhielt einen Long-Front-Ausleger von Jewell, um für das amerikanische Abbruchunternehmen Testa einen Brückenabriß durchzuführen. Zu den besonderen Merkmalen gehören ein zusätzliches, größeres Kontergewicht und eine neigbare und hochfahrbare Kabine

Links: Unübersehbar ragte auf dem Freigelände der bauma 2007 in München der steil gestellte Long-Front-Ausleger des neuen Abbruchbaggers EC700B HR von Volvo in den strahlend blauen Himmel. Trotz Rohrbruchsicherungen montierten die Schweden, wie stets auf Sicherheit bedacht, rote Metallrahmen an den Kolben der Hydraulikzylinder, um den Ausleger wirksam gegen unbeabsichtigtes plötzliches Absenken zu sichern

Oben: Die Raupenschiffe des Volvo-Abbruchbaggers EC700B HR sind hydraulisch ausfahrbar und werden dabei in großen Stahlrohren geführt, die Torsions- und Druckkräfte besser aufnehmen als herkömmliche Schiebeholme. Turas und Laufrollen sind gegen Beschädigungen durch Betontrümmer und Bewehrungen besonders geschützt

Einen der ersten europäischen EC700B HR von Volvo setzte die niederländische Firma Laarakkers bei einen Abbruchprojekt in Deutschland ein. Der Bagger trägt bei voller Reichhöhe von 32 m noch bis zu 2,5 t schwere Abbruchwerkzeuge, bei 29 m (mit demontierten 3-m-Stück) sogar 3,5 t schwere, und das im vollen 360-Grad-Schwenkbereich. Im abgesenkten Zustand sind die Dimensionen des gewaltigen Auslegers gut ersichtlich *Foto: Lars Brzeski*

Am Baustellenrand stand der kurze Tieflöffelausleger bereit, mit dem der Volvo EC700B HR bei abgebautem Long-Front-Ausleger auch Aufräum- und Verladearbeiten übernehmen kann. Der Auslegerwechsel wird vom Baggerführer ohne Fremdhilfe durchgeführt und dauert weniger als 30 Minuten. Im Lagerbock integriert ist sogar eine bequeme Treppe samt sicherem Geländer *Foto: Lars Brzeski*

Mit seinem dreifach teleskopierbaren Long-Front-Ausleger von Kocurek für 55 m Arbeitshöhe bringt dieser neue Komatsu PC1250 LC-8 eines schweizerischen Abbruchunternehmens bis zu 160 t auf die Waage und dürfte damit zu den größten Abbruchbaggern in Europa zählen. Ungewöhnlich wirken die beiden leicht schräg angeordneten Ausleger-Hubzylinder

Foto: Urs Peyer

Der Oberwagen des Komatsu PC1250 LC-8 erscheint in Relation zu den Auslegermaßen recht kompakt. Dennoch birgt er hinter dem mächtigen, vergrößerten Kontergewicht einen Antriebsmotor mit beachtlichen 683 PS Leistung. In Standardversion wiegt der Bagger „nur“ 107 bis 111 t

Foto: Urs Peyer

Für den japanischen Markt präsentierte Hitachi jüngst den Zaxis ZX1800K E-HRD, einen als Standardbagger bereits um die 165 t wiegenden Giganten, der in dieser Variante samt asymmetrischem Unterwagen speziell für Long-Front-Ausleger konzipiert wurde. Den ersten ZX1800K E-HRD erhielt das Abbruchunternehmen Nabekai aus Tokio. Mit bis zu 60 m Reichhöhe rückt der langarmige Riese in die Nähe des Kobelco SK3500D für 65 m (siehe separater Infokasten „Wolken-Kratzer“)

In den vergangenen Jahren erfuhr die Stadtentwicklung in Japan rasante Veränderungen, vorrangig in Tokio. Viele ältere Gebäude, besonders aus den sechziger und siebziger Jahren, werden abgerissen, um den knappen Platz in den Innenstädten effektiver nutzen zu können. Aufgrund der Gebäudehöhen, der stabilen, oft erdbebensicheren Betonstrukturen, starker Armierungen, solider Stahlskelette und sehr hoher Betonfestigkeiten gestalten sich viele dieser Abbruchprojekte zunehmend schwieriger.

Die derzeit in Japan gebräuchlichen Abbruchbagger auf Basis von 40-bis 70-t-Maschinen erreichen etwa 25 bis 30 m Höhe, was für sieben bis zehn Stockwerke genügt. Bei größeren Höhen werden Abbruchmaschinen meist mit einem Kran auf das Dach gehoben und der Abbruch nun von oben nach unten durchgeführt. Eine solche Vorgehensweise erfordert jedoch deutlich mehr Arbeit und Zeit als das gezielte Abreißen von außen mit einem Long-Front-Bagger.

Deshalb fragen mehr und mehr Abbruchunternehmen in Japan und besonders in Tokio nach einfach zu transportierenden, aber sehr hoch reichenden Spezial-Abbruchmaschinen. Dieser Nachfrage folgend, stellte Kobelco 2002 in Japan den zu jener Zeit größten Abbruchbagger der Welt vor, den 166 t schweren SK1600D, der mit 50,86 m Arbeitshöhe sogar 17 Stockwerke hochreichen kann, und das mit einem 2,87 t schweren Kobelco-Nibbler.

Der erste SK1600D wurde an Watanabe Kaitai Kogyo (Nabekai) geliefert, Japans größtes Abbruchunternehmen. Die 1946 gegründete Firma mit Hauptsitz in Tokio leistete Pionierarbeit im maschinellen Abbruch und ist heute Japans größtes Abbruchunternehmen, vermietet die Maschinen aber auch.

Ober- und Unterwagen vom Raupenkran

Für den Long-Front-Giganten diente erstmals kein serienmäßiger Hydraulikbagger als Basis, sondern der Unterwagen und erheblich modifizierte, mit 338 PS stärker motorisierte Oberwagen des 100-t-Raupenkranes 7100 von Kobelco. Der breite Unterwagen des Raupenkranes und der niedrige Schwerpunkt des Oberwagens sind ideal, um ausreichende Standsicherheit zu gewährleisten.

Links: Von 2002 bis 2005 war er einer der größten Long-Front-Bagger der Welt, der bis zu 166 t schwere Kobelco SK1600D mit modular montierbarem, 50,86 m hoch reichendem, zehnteiligem Long-Front-Ausleger. Der Unter- und Oberwagen des Abbruchkolosses basieren auf einem Kobelco-Raupenkran, also nicht wie bei allen sonstigen Long-Front-Maschinen auf einem modifizierten Hydraulikbagger

Oben: Die kolossalen Dimensionen des SK1600D, sowohl hinsichtlich der Oberwagenlänge als auch der Unterwagenbreite, werden erst im Vergleich zu einem „normalen" Kurzheck-Kompaktbagger deutlich – obwohl der Abbruchriese, der zweite bei Nabekai, hier nur einen vergleichsweise kurzen Ausleger trägt

Dennoch kann der SK1600D dank des modularen Auslegerkonzeptes auch mit Greifer für den Erdbau genutzt werden. Für den bequemen Transport werden Bagger und Ausleger in 14 Komponenten zerlegt. Montage und Demontage wie auch das Be- und Entladen der Tieflader erfolgen ohne Fremdmaschinen!

Wegen der extremen Arbeitshöhe wurde der SK1600D mit zahlreichen Warn- und Kontrollsystemen ausgestattet, zum Beispiel speziellen Auslegerventilen, Lastmomentbegrenzer, Außen- und Innen-Kippalarm, Auslegerkamera zur besseren Sicht auf das Abbruchwerkzeug, Rückraumkamera. Die Kabine kann um 30 Grad geneigt werden.

Aufgrund der guten Erfahrungen bestellte Nabekai Ende 2003 einen zweiten SK1600D. Beide werden im Großraum Tokio eingesetzt. Ob der 4,23 Millionen US-Dollar kostende Abbruchriese auch auf dem europäischen Markt angeboten wird, ist nicht sicher.

Neuer Rekordhalter

Das Abbruchunternehmen Nabekai sammelte gute Erfahrungen mit den beiden SK1600D, und so reifte gemeinsam mit Ingenieuren von Kobelco die Idee, einen noch höher reichenden Long-Front-Bagger zu entwerfen. 2005 war es soweit: Stolz wurde der SK3500D präsentiert, mit 328 t Einsatzgewicht und exakt 65,03 m Reichhöhe zweifellos die größte Abbruchmaschine der Welt. Tatsächlich beantragte Kobelco nach Fertigstellung des Riesen einen Eintrag ins „Guinness Buch der Rekorde".

Der Koloss wurde im Oktober 2005 nahe Tokio im Rahmen einer hauseigenen Messe zum Themenkreis Abbruch und Recycling vorgestellt. Nach der Veranstaltung wurde der SK3500D umgehend in Komponenten zerlegt und an Nabekai geliefert. Er wuchtet bis zu 12 t wiegende Abbruchwerkzeuge bis in 41 m Höhe und in volle Höhe von 65 m noch eine 2,9 t schwere Betonzange.

Auch der SK3500D basiert nicht auf einem Serienbagger, sondern auf dem Unterwagen eines Raupenkranes, nun aber nicht der 100-t-, sondern der 200-t-Klasse. Die breite Spur eines solchen Kranes und das transportgerechte Zerlegen in Komponenten kommen auch Abbrucharbeiten zugute. Um den dreiteiligen Ausleger sicher anlenken zu können, entwickelte Kobelco für den SK3500D jedoch einen neuen Oberwagen, dessen tiefer Schwerpunkt für möglichst festen Stand bei weiten Ausladungen und bei plötzlichen Lastmomentveränderungen sorgen soll.

Oben: Mit dem längsten Ausleger kann der SK1600D mehr als 17 Stockwerke hochreichen, hier wurde jedoch eine kürzere Auslegerkonfiguration von nur etwa 30 m genutzt. Mit 338 PS Leistung ist der Antriebsmotor deutlich stärker als im Raupenkran 7100 von Kobelco, der als Basismaschine für den SK1600D diente

Rechts: Eigens für den SK1600D entwickelte Kobelco den Nibbler KR3000R, mit 18 t Gewicht, 3 m Maulweite und 6566 kN „Bisskraft" der weltgrößte Betonknacker. Aufgrund seines modularen Auslegerkonzeptes kann der SK1600D auch mit einem Greifer im Erd- und Tiefbau oder zur Bauschutträumung eingesetzt werden

Zum Patent angemeldete Ausleger-Zerlegung

Damit der Abbruchriese schnell zum nächsten Einsatz gebracht werden kann, entwickelte Kobelco ein zum Patent angemeldetes hydraulisches Schnellkupplungssystem, mit dem sich der 65-m-Ausleger in sechs Teile zerlegen lässt.

Ober- und Unterwagen werden zum Transport in 17 Module aufgeteilt, die bequem mit Tiefladern zu verfrachten sind. Für Montage und Demontage konstruierte Kobelco eine auf Raupen fahrende Hilfsmaschine mit diversen Hub- und Transferzylindern, die separat transportiert wird.

Die extreme Arbeitshöhe verlangt nach diversen Warn- und Kontrollsystemen. Halteventile verhindern ein plötzliches Absenken des Auslegers, ein Neigungsalarm warnt den Fahrer vor zu schräg stehendem Unterwagen. Eine Überlastregelung fährt den Ausleger automatisch zurück, wenn bei weiten Ausladungen zu hohe Lastmomente auftreten.

Eine Auslegerkamera sorgt ungeachtet der kippbaren Kabine für bessere Sicht auf das Abbruchwerkzeug. Eine Rückraumkamera erleichtert das Schwenken und Rückwärtsfahren, auch im Notfall. Beide Kameras sind serienmäßig, ebenso eine Wasserleitung zum Stielende für die Staubreduzierung.

Der Abbruchriese wird zum Preis von umgerechnet rund 8,7 Millionen US-Dollar vorerst nur auf dem japanischen Markt erhältlich sein. Der Betreiber Watanabe Kaitai Kogyo (Nabekai) setzte den SK3500D erstmals zum Abbruch eines 14-stöckigen Gebäudes ein. Dann folgten Arbeiten in einem Stahlwerk, auch zum Abriss eines 50 m hohen Schornsteines.

Das ist der gegenwärtige Rekordhalter unter den Long-Front-Baggern: 328 t Einsatzgewicht sind nötig, um diesen Ausleger himmelhoch in 65 m Arbeitshöhe zu strecken. Der Kobelco SK3500D wurde 2005 vorgestellt und übertrifft seinen sowieso schon gigantischen Bruder SK1600D um fast 15 m Reichhöhe und um 162 t Gewicht. Mit anderen Worten: Für 15 m zusätzliche Höhe wurde die Maschine fast doppelt so schwer

Kleines Bild: Auch mit eingefaltetem Ausleger zeigt sich auf den ersten Blick, wieviel größer der neue Kobelco SK3500D als herkömmliche Long-Front-Abbruchbagger ist. Auch schlechtes Wetter hielt viele Besucher einer Hausausstellung nicht davon ab, den größten Abbruchbagger der Welt genauer unter die Lupe zu nehmen

Besonders bei der Heckansicht wird deutlich, daß der SK3500D nicht einem herkömmlichen Hydraulikbagger ähnelt, sondern mit dem langen Oberwagen, dem hohen Kontergewicht und der extrem breiten Spur einem 200-t-Raupenkran. Allerdings wurde auch hier ein wesentlich stärkerer Antriebsmotor installiert, ein 460 PS leistender Isuzu-Motor

Zum Lieferumfang des SK3500D gehörte neben etlichen Auslegerkomponenten für unterschiedliche Konfigurationen und Abbruchwerkzeugen auch ein gebührend großer Tieflöffel. Der wird jedoch nur selten am sehr kurzen Ausleger zum Einbau gelangen

Beim Aufrüsten zeigt sich, wie geschickt die Komponenten des patentierten sechsteiligen Auslegersystemes in Lagerböcken, die gleich passend für den einfachen und bequemen Tiefladertransport gestaltet sind, angeliefert, abgesetzt und montiert werden

Ein 328 t wiegender Abbruchriese bewegt sich gemächlich: Gerade mal 1,1 km/h Höchstgeschwindigkeit sind möglich, das aber mit aufgerichtetem Ausleger. Hier wurde anstelle des großen 65-m-Auslegers ein 12 t schwerer Betonknacker mit einer kürzeren Auslegerkonfiguration für „nur“ 41 m Arbeitshöhe verwendet

Riesig sind die Abbruchprojekte, die in der schönen, neuen Welt des 21. Jahrhunderts bewältigt werden müssen, um Platz für die Zukunft zu schaffen. Gleich beide Kobelco-Giganten, der SK1600D und auch der SK3500D, waren bei diesem Projekt in Tokio fleißig, ein Traum für jeden Freund riesiger Abbruchmaschinen

bare Kabinen bewährt, um den Fahrer vor einem steifen Hals zu bewahren. Die meisten Kabinen lassen sich um bis zu 30 Grad neigen, mehr wird unbequem. Diese Entwicklung begann mit kippbaren Spezialsitzen, wobei jedoch dann oft die Dachstrebe oben am Frontfenster den Blick nach oben störte. Erheblich bessere, weil freiere Sicht bietet sich hingegen durch das breite und hohe Frontfenster – und dazu muß eben die gesamte Kabine geneigt werden.

Unverzichtbar ist der umfassende Kabinenschutz samt Sicherheitsglas, Dachverglasung und Dachscheibenwischern. Die Schutzgitter vor und über den Fenstern müssen leicht abzunehmen oder aufzuklappen sein, um das Reinigen der Scheiben zu vereinfachen. Auch solche kleinen Details können den Arbeitsalltag erleichtern, damit es trotz Long-Front im Einsatzalltag keine langen Nasen gibt …

WETTRENNEN UM DIE GRÖSSTE HÖHE

An dieser Stelle ist es leider nicht mehr zu verschweigen: Eigentlich wurde dieses Buch zum falschen Zeitpunkt geschrieben, nämlich zu früh. Denn das Wettrennen im Land der Riesen um den begehrten Siegertitel „Wer ist der Größte?" ist gerade in diesen Jahren in vollem Gange.

Europäische und japanische Hersteller „schrauben" die Längen der Long-Front-Ausleger in immer neue Rekordhöhen. Bald wohl wird dem Kobelco SK3500D (siehe separater Infokasten „Wolken-Kratzer") sein Ruf als Rekordhalter strittig gemacht.

Innerhalb weniger Jahre wurde bereits der „kleinere" Bruder des SK3500D, der SK1600D, gleich von mehreren Long-Front-Baggern eingeholt. 50 m Höhe und noch etwas mehr erreichen inzwischen gleich mehrere Maschinen mit Long-Front-Auslegern, beispielsweise der Komatsu PC1250, der Hitachi EX1200, der italienische PMI 980 und PMI 150 sowie ältere, gebrauchte Cat 5110B und ein Cat 385C.

Long-Front-Bagger sind eine knapp zwei Jahrzehnte alte Maschinengattung, bei der es in erster Linie nur um eines geht: Höhe. Daher werden gerne Rekorde wie größte Höhen und längste Ausleger genannt. Oft geht es um Details: Ist die reine Höhe des gestreckten Auslegers bis zum Stielbolzen gemeint oder gar die Höhe bis zum höchsten „Tüpfelchen" des angebauten Werkzeuges ... ?

Gleich hinter der größten Höhe folgt das nächste wichtige Maß, das Einsatzgewicht. Es differiert entsprechend der möglichen Auslegerlängen samt Zwischenstücken und der daher variierenden Kontergewichte erheblich und läßt sich, sofern Rekorde erwünscht sind, natürlich etwas hochschaukeln.

Nach der 50-m-Höhenklasse rollen nun bereits die ersten Bagger einer neuen 60-m-Klasse heran. 65,03 m erreicht der SK3500D von Kobelco, auf 60 m Höhe kommt ein von der nieder-

Ein breitspuriger Riese wurde für den Abbruch eines früher mal 3300 Menschen bergenden Luftschutz-Hochbunkers in Krefeld-Uerdingen herbeigeholt. Dort wurde vergeblich versucht, die bis zu 4 m dicken Wände mit Abrißbirne und „großem" Hammer abzureißen. Gesprengt werden durfte auch nicht, da sich der Bunker inmitten der City befindet. Hilfe bot sich bei der niederländischen Firma Euro Demolition, wo ein Cat 5110B in Abbruchversion angemietet werden konnte

Foto: Lars Brzeski

ländischen Firma Rusch Kraantechniek modifizierter Cat 385C mit einem im unteren Bereich dreifach teleskopierbaren Long-Front-Ausleger. Das italienische Abbruchunternehmen Despe arbeitet mit einem Liebherr R984 mit Long-Front-Ausleger für 60 m Höhe auf dem Unterwagen des nächstgrößeren Liebherr R992. 60 m erreichen auch die neuesten Komatsu PC1250 und Hitachi EX1200 mit Kocurek-Auslegern. Hinzu kommt der neue Hitachi-Abbruchbagger ZX1800K E-HRD für 60 m Reichhöhe aus Japan.

Doch bei Rusch befindet sich schon ein weiterer Rekordanwärter im Bau: Ein gebrauchter 130-t-Mining-Bagger Cat 5110B soll einen aus besonders leichten Stahl gefertigten Long-Front-Ausleger für 90 m Reichhöhe erhalten. Die im März 2007 angekündigte Fertigstellung des 90 TUHD (Telescopic Ultra High Demolition) zum Jahresende hat sich allerdings erheblich verzögert; nun wird Anfang 2009 angestrebt.

Der allein 68 t wiegende Long-Front-Ausleger soll in voller Höhe sogar noch bis zu 12 t schwere Abbruchwerkzeuge tragen können, was ebenfalls ein beachtlicher Rekord wäre. Die Anlenkung des Auslegers wurde gegenüber dem ursprünglichen Tieflöffelausleger um 1,5 m nach hinten zur Drehachse des Oberwagens verschoben. Aufgerüstet soll der Rekordbagger samt verbreitertem und verlängertem Unterwagen knapp über 200 t wiegen.

Interessanterweise wird die Kabine trotz – oder gerade wegen – der immensen Arbeitshöhe nicht neigbar sein, stattdessen aber Monitore von

Auch wenn der Cat 5110B von Euro Demolition einen Ausleger für nur 28 m Reichhöhe bewegt, kann der 190-t-Gigant am Auslegerende immerhin Anbauwerkzeuge mit bis zu 18 t Gewicht tragen, also in 28 m Höhe. Ursprünglich stammt der 2002 gebaute Bagger aus einem Steinbruch in Niedersachsen, wo er den Namen „Steffi" hatte und mit einem herkömmlichen Monoblockausleger arbeitete *Foto: Lars Brzeski*

Der gebrauchte Cat 5110B, eigentlich ja ein Mining-Bagger für Tieflöffel- oder Klappschaufelbetrieb, erhielt für Abbrucharbeiten einen besonderen „Triple HRD"-Ausleger (HRD = High Reach Demolition). Der dreiteilige Ausleger ist zur Aufnahme schwerster Werkzeuge besonders verwindungssteif gestaltet. Hinter dem 5110B steht ein kleinerer Long-Front-Bagger, dessen Stiel und Werkzeug etwas irritierend hinter dem „Triple HRD"-Ausleger zu sehen ist *Foto: Lars Brzeski*

Das italienische Abbruchunternehmen Despe besitzt einen einmaligen Liebherr-Bagger: Ein Oberwagen des R984 erhielt von C.M.O.2 einen 60-m-Long-Front-Ausleger. Für ausreichende Standfestigkeit wurde der Oberwagen auf den Unterwagen des nächstgrößeren Liebherr R992 montiert, hier mit kurzem Wechselausleger

Bild: Despe

52 m hoch reicht der Long-Front-Ausleger der englischen Firma Kocurek beim ersten Hitachi EX1200 für das Abbruchunternehmen 777 Demolition. Der neue EX1200 für das gleiche Unternehmen arbeitet jedoch mit einem Kocurek-Ausleger für 60 m Höhe, die mit einem 10-m-Stiel und einem dreifach auf 50 m teleskopierbaren Hauptausleger erreicht werden. Der Bagger kommt auf rund 200 t Einsatzgewicht

Im März 2008 wurde bei der Aregger AG ein wahres Monstrum eingeweiht, ein Komatsu PC1250 mit 60 m hoch reichendem Long-Front-Ausleger von Kocurek aus England. Dies ist der größte und schwerste Bagger, der in der Schweiz eingesetzt wird, immerhin kein Tiefbau- oder Mining-, sondern ein Abbruchbagger! Ein kürzerer Tieflöffel-Ausleger ist allerdings auch anzusetzen

Bild: G.-Y. Rusticus, Highreachdemolition

Das renommierte niederländische Abbruchunternehmen Beelen Sloopwerken setzt einen Cat 395C ein, der erstmals einen Long-Front-Ausleger der niederländischen Firma Rusch Kraantechniek erhielt. Der dreifach teleskopierbare Ausleger des TUHD (Telescopic Ultra High Demolition) erreicht 60 m Höhe und wurde aus speziellem Leichtbaustahl gefertigt, aus dem oftmals auch Kranausleger hergestellt werden *Bild: Beelen Sloopwerken*

insgesamt sechs Kameras haben. Zwei Kameras sind ganz oben auf das Werkzeug gerichtet, zwei Kameras auf den Ausleger und zwei Kameras auf den Heckbereich. Insofern wird der Fahrer des TUHD 90 das Abbruchwerkzeug vornehmlich „ferngesteuert“ bedienen, nämlich nur mittels Bildschirmüberwachung.

Und noch vor dem ersten Einsatz des TUHD 90 tauchen bereits erste Angaben über einen noch weitaus größeren Abbruchbagger auf. Anscheinend hat das niederländische Abbruchunternehmen Euro Demolition bei Rusch Kraantechniek eine Abbruchmaschine mit über 600 t (!) Einsatzgewicht bestellt. Der dreifache Ausleger wird allerdings „nur“ 53 m hoch reichen, aber in dieser Höhe eine 27 t wiegende Betonzange tragen und außerdem noch mindestens 10 t Schutt heben können. Damit die Basismaschine mit 30 m Abstand vom Abbruchojekt arbeiten kann, soll der Unterwagen 12 m lang und 9,5 m breit werden. Mit dem Bau des Abbruchriesen wird 2009 begonnen.

Doch zunächst bleiben solche Eigen- und Umbauten Ausnahmen. Die meisten Long-Front-Ausleger werden aus Kostengründen auch zukünftig an modifizierte Großbagger montiert werden. Und die Baggerhersteller freuen sich: Volvo EC700B (70 t Gewicht), Case CX 800 (82 t), Cat 385C (87 t), Liebherr R 974 C (101 t), Hitachi EX1200 (109 t) Komatsu PC1250 (111 t) – sämtlich sind das Baggergrößen, die meist nur für die stationäre Industrie, für Steinbrüche und selten für Großbaustellen geordert werden. Durch die hinzugekommene Verwendung als Long-Front-Bagger konnte somit ein neuer Markt gewonnen werden.

Der 60-m-Teleskopausleger wurde von Rusch Kraantechniek so konstruiert, daß er jederzeit gegen einen kurzen Ausleger zu tauschen ist. Das bietet Vorteile für Beelen Sloopwerken, kann der 395C TUHD doch so auch Aufräum- und Verladearbeiten mit dem Tieflöffel durchführen. Ebenso sind schwerste Betonzangen oder Stahlscheren anzubauen *Bild: Beelen Sloopwerken*

Auch eingefahren wirkt der dreifach teleskopierbare Ausleger des TUHD von Beelen Sloopwerken noch beeindruckend hoch. Interessant ist die breite Schlauchführung auf der Oberseite des Teleskopauslegers, mit der die vielen Hydraulikschläuche für Stiel und Werkzeuge beim Austeleskopieren bis ans Auslegerende geführt werden *Bild: Beelen Sloopwerken*

Entwurf eines rund 200 t schweren Abbruchbaggers, der bei Rusch in den Niederlanden auf Basis eines Cat 5110B entstehen soll. Der 90 TUHD (Telescopic Ultra High Demolition) für 90 m Reichhöhe wird einen allein 68 t wiegenden Long-Front-Ausleger haben

Bild: Rusch Kraantechniek

Rechts oben: Wie gewaltig der 90 THUD ist, zeigt sich am klein wirkenden Oberwagen des 130-t-Mining-Baggers Cat 5110B auf dem verlängerten und verbreiterten Spezialunterwagen von Rusch Kraantechniek. Deutlich erkennbar sind die neuen Halterungen der Raupenschiffe zur schnellen Montage und Demontage des Abbruchriesen. Auffällig ist auch die gegenüber dem Standardausleger um 1,5 m nach hinten zur Drehachse des Oberwagens verschobene Anlenkung des 90-m-Long-Front-Auslegers

Bild: Steven Vale, Earthmovers Magazine

Rechts unten: Das ist der neue Rekordhalter unter den Abbruchbaggern: Mit bis zu 90 m Arbeitshöhe ist der 90 TUHD von Rusch Kraantechniek mit Abstand der größte Long-Front-Bagger der Welt. Hier arbeitete der 200-t-Gigant allerdings mit nur einer Teleskopsektion im Testbetrieb, später werden dann drei ausfahrbare Teleskopsektionen bis zu 12 t schwere Werkzeuge in bis zu 90 m Höhe bringen

Bild: Steven Vale, Earthmovers Magazine

KLEINMASCHINEN

KLEINE NAGER BEIM ABBRUCH

In fast allen Bereichen des Hoch- und Tiefbaues fand in den letzten Jahren eine durchgreifende Mechanisierung der meisten Arbeitsprozesse statt. Das betrifft auch Abbrucharbeiten: Wo früher mit „Preßlufthammer", Picke, 10-kg-Vorschlaghammer und Schaufel hart geschuftet wurde, dürfen die Arbeiter nun auf einem bequemen Fahrersitz eine Mini- oder Kleinmaschine bedienen.

Das recyclinggerechte Entsorgen vieler unterschiedlicher Baustoffe und -materialien verlangt zudem oft das sorgfältige Ausräumen oder gar „Entkernen" von Gebäuden. Als noch vor einigen Jahrzehnten einfach ein Bagger anrückte, alles kurz und klein schlug und die gesamten Schuttmassen anschließend unsortiert auf eine Deponie gebracht wurden, war das Ausräumen und Entkernen von Gebäuden noch unbekannt. Stattdessen wird der Bauschutt nun vorsortiert und ein Gebäude oft Schritt für Schritt „rückgebaut" (wobei der Begriff „Rückbau", wie bereits in der Einleitung erklärt, doch recht absurd ist).

Ein weiterer Trend ist zu beobachten: Immer öfter verlangen die Auftraggeber, daß Abbrucharbeiten staub-, lärm- und vibrationsfrei oder an extrem schlecht zugänglichen Stellen durchzuführen sind. Solche Forderungen lassen sich häufig nur mit Minimaschinen vernünftig erfüllen, um aufwändige und teure Handarbeit zu vermeiden.

Wie wir alle wissen, gesellten sich vor gar nicht so langer Zeit Miniaturausgaben von Baggern und Radladern zu den großen Baumaschinen, die zunächst wie gewohnt überwiegend als „Erdarbeiter" tätig waren. Doch seit der letzten Jahrhundertwende werden auch bei den Minis zerstörerische Fähigkeiten erkannt: Immer ausgefeiltere Abbruch- und Sanierungsarbeiten, auch in einzelnen Stockwerken oder in Kellern, verbunden mit stets knapperen Kalkulationen der Abbruchprojekte, führen nunmehr zu einer durchgreifenden Rationalisierung und Mechanisierung auch der kleinsten Abbrucharbeiten.

So wandeln sich nun auch Minis aller Art zu perfekten Abbruchmaschinen. Aber – wie es auch bei ihren großen Brüdern anfangs der Fall war – wandeln sie sich zunächst nur mehr oder weniger perfekt, denn noch sind die meisten Mini- und Kleinmaschinen für den Erd- und Galabau ausgelegt. Die möglichst gute Anpassung an die spezifischen Anforderungen beim Abbruch vollzieht sich gemächlich, weil viele Anbieter diese Entwicklung noch gar nicht so richtig wahrgenommen haben.

Haben Minibagger wie der Volvo EC35C ausreichende hydraulische Leistungen, können sie im Dauerbetrieb mit Hydraulikhämmern und anderen Werkzeugen Abbrucharbeiten erleichtern und beschleunigen. Die von Volvo entwickelten Ausrüstungen werden sorgsam auf die Tragkräfte und Leistungen der Trägergeräte abgestimmt

Auch Kleine können Kaputtmachen: Schwungvoll zeigt dieser Gehl-Kompaktlader mit seinen speziellen Greifklammern, wie Holzreste sicher gegriffen und abtransportiert werden. An den Schnellwechsler solcher Lader lassen sich an die 50 unterschiedlichen Werkzeuge anbauen

Zunehmend häufiger findet der Abbruch „drinnen" statt – ideale, durch alle Türen passende Partner bei solchen Arbeiten sind Minilader und wendige Minidumper. Avant, ein finnischer Hersteller winziger Radlader, baut auch Mini-Raddumper, die sich gut für Abbrucharbeiten und Sanierungsprojekte eignen

Dennoch tauchen bereits die ersten standardmäßigen Spezialminis für den Abbruch auf, ebenso wächst die Palette der erhältlichen Mini-Abbruchausrüstungen und -werkzeuge zusehends. Der Markt bietet bereits kleinste Abruchwerkzeuge für Minimaschinen, beispielsweise gerade mal 30 kg leichte Hydraulikhämmer für 500 bis 850 kg wiegende Mikrobagger oder 275 kg schwere Betonzangen für 2- bis 3-t-Minibagger.

Das Gesamtgewicht einer Minimaschine spielt beim Abbruch innerhalb von Gebäuden eine große Rolle, denn die zulässigen Deckenlasten dürfen nicht überschritten werden. Wenn aber ein oder zwei Minimaschinen Abbrucharbeiten durchführen, addieren sich zu den Eigengewichten die Gewichte und dynamischen Kräfte der herabfallenden Schuttmassen. Gegebenenfalls hilft hier nur schnelles Abräumen des Schutts.

Der schwedische Hersteller Brokk zeigte 2007 auf der Baumaschinenmesse bauma in München, wie vielseitig die speziellen Ausleger der winzigen hydraulischen Abbruchroboter auszurüsten und einzusetzen sind. Die Brokk-Maschinen fahren auf Gummiketten, haben geschützte Zylinder und sind grundsätzlich ferngesteuert

DIE SERIENMASCHINE REICHT OFT NICHT

Beim Abbruch geht es für Kleinmaschinen eigentlich immer rauher als im Erd-, Tief- und Galabau zu, und dementsprechend sollten die eingesetzten Minis ihrem Umfeld angepaßt sein. Das heißt aber auch, daß gerade bei den für leichtere Arbeiten konzipierten Minis besonderes Augenmerk auf allerlei technische Details gerichtet werden muß.

Die Frage der besten Anpassung für bestimmte Abbruchprojekte beginnt mit der Motorisierung: Reicht der serienmäßige Dieselmotor oder muß eine andere Antriebsversion gewählt werden, weil oft innerhalb geschlossener oder schlecht belüfteter Räume und Keller gearbeitet wird? Antriebsalternativen sind zum Beispiel Abgasreiniger oder Katalysator. Manche Minimaschinen sind serienmäßig mit einem umweltfreundlicheren Gasmotor auszustatten und führen eine

Handgeführte Kleinlader wie der antriebsgelenkte Kanga aus Australien lassen sich am Schnellwechsler mit zahlreichen Abbruchwerkzeugen ausstatten und erreichen Stellen, wo sonst nur zeitraubende Handarbeit möglich wäre. Dazu fahren die Kraftzwerge auch quer durchs Wohnzimmer auf die Terrasse

herkömmliche Flüssiggasflasche als „Wechseltank“ mit.

Abbruchfirmen, die sich auf den Etagen- und selektiven Abbruch spezialisiert haben, setzen manchmal mittels Kabelzuführung elektrisch betriebene Minibagger ein. Solche Winzlinge arbeiten nicht nur abgasfrei, sondern auch nahezu geräuschlos – eine wahre Freude für die Ohren der Arbeiter in engen Kellerräumen. Mit Tieflöffel oder Hydraulikhammer werden von einem derartigen Elektrobagger sogar Fundamentgruben gestemmt und ausgehoben.

Bei allen Mini- und Kompaktbaggern, Klein- und Kompaktladern und anderen winzigen Abbruchmaschinen schwingen und pendeln irgendwelche Hydraulikschläuche an Ausleger, Stiel oder Hubarm herum. Leicht reißen sie jedoch ab oder werden beschädigt, zumal sie aufgrund der stets kleinen Dimensionen und Reichweiten oft in Tuchfühlung mit scharfkantigen Betonbrocken und Armierungen gehen.

Die flexiblen Abschnitte der Hydraulikschläuche können bei einigen Maschinen serienmäßig oder optional durch eng gewickelte Drahtspiralen geschützt werden. Abschnittweise verlaufen Hydraulikleitungen auch bestens geschützt innerhalb des Auslegerkopfes. Manche Hersteller bieten Schutzabdeckungen für Löffel- und Stielzylinder an. Solch ein kleines Detail kann – wie viele Abbruch- und Steinbrucherfahrungen zeigen – später teure Ausfälle und Reparaturen erübrigen.

Noch mehr als im normalen Erdbau müssen im Abbruch tätige Minimaschinen auch ausreichend von unten geschützt sein. Das betrifft die Unterwagen von Mini- und Kompakt-Raupenbaggern ebenso wie Radlader, besonders knick- und allradgelenkte, die sich auf grobstückigem Beton mit herausragenden Armierungen Hydraulikschläuche, Gelenke, Wellen, Lager oder andere Komponenten erheblich beschädigen können.

Bei kleinen Radladern hat sich zudem eine spezielle, gegen Schnitzer und Plattfuß möglichst unempfindliche Bereifung bewährt, beispielsweise mit Ausschäumung oder Gel. Kompaktlader rollen im Abbruch hin und wieder auf patentierten AirBoss-Segmentreifen, aus denen dank der offenen Bauweise keine Luft entweichen kann. Ist der AirBoss-Reifen an einer

Mikrobagger wie der JCB Micro passen durch eine 75 cm breite Standardtür und können so bequem den Fußboden im Wohnzimmer demolieren, aber auch an unzugänglichen Stellen wie hier mit dem Hydraulikhammer am Schnellwechsler verzwickte Abbrucharbeiten ausführen

Erst bringt der handgeführte Bobcat-Raupenlader MT50 mit seiner Spezialschaufel samt der drei großen Halte- und Greiffinger dicke, aussortierte Betonbrocken herbei, dann zertrümmert er sie mit dem Hydraulikhammer. Praktisch dabei ist der Schnellwechsler wie bei großen Maschinen, der den sekundenschnellen Werkzeuganbau erlaubt

Stelle beschädigt, ist nicht der ganze Reifen zu ersetzen, sondern nur einzelne Segmente, die auf einer Spezialfelge aufgeschraubt sind.

Nicht vergessen werden sollten starke Scheinwerfer, möglichst geschützt an Ausleger oder Hubarm angebracht. Denn viele Abbruchwinzlinge müssen in schlecht ausgeleuchteten, dunklen Bereichen wie stromlosen Stockwerken oder Kellern arbeiten. Aufstellbare Scheinwerfer sind oft nicht kurzfristig verfügbar, und Scheinwerfer auf dem Kabinendach sind manchmal nicht so wirksam wie erhofft, da der vorbeistreichende Ausleger, Hubarm oder das Werkzeug unentwegt lange Schatten werfen können.

Nicht nur die Technik, auch der Mensch muß bei Abbrucharbeiten unbedingt ausreichend geschützt werden. Da bei Abbrucharbeiten wegen locker hängender und abstürzender Materialien Menschenleben grundsätzlich gefährdet sind, verfügen viele Minimaschinen über entsprechende Schutzeinrichtungen.

Links: Einige Kompaktbagger, hier ein Gehlmax 80NX, haben aufgrund ihres Kurzheck-Oberwagens den Vorteil, auf kleinstem Raum, direkt an einer Wand oder Mauer stehend, arbeiten und schwenken zu können. Herkömmliche Bagger würden in zu beengte Einsatzstellen gar nicht hinein passen
Oben: Ideale Miniteams für den Abbruch innerhalb von Gebäuden sind Minibagger und Raupendumper, hier ein Takeuchi-Dumper auf Gummiketten bei Grabarbeiten in den Kasematten unter den Brühlschen Terrassen, die früher abwechselnd als Weinkeller, Luftschutzkeller und Waffendepot dienten

Wer krabbelt da die Treppe herauf? Ein nur 60 cm breiter und 360 kg leichter, elektrischer Brokk „MiniCut“ ist als ferngesteuerter Abbruchroboter unterwegs, um wie die Miniaturausgabe eines Hydraulikbaggers mit Hammer, Betonzange, Greifklammer und Tieflöffel fleißig zu nagen und zu knabbern

Und wer kommt die Treppe wieder herunter? Ein schmaler Avant-Kleinlader der Serie 600 aus Finnland. Durch den angelenkten Einzelhubarm ist der Radlader sehr schmal und kann Türen passieren. Seine Breitreifen erzeugen wenig Bodendruck, damit die zulässigen Deckenlasten nicht strapaziert werden

Bei offenen Minibaggern und Kleinladern übernimmt dies ein Überrollbügel, möglicherweise mit einem zusätzlichen Schutzgitter, bei geschlossenen Maschinen eine Kabine oder ein entsprechend starker Zusatzrahmen. Der Überrollbügel kann sogar klappbar gestaltet werden, um beim Versetzen der Maschine im Gebäude die Durchfahrhöhe so gering wie möglich zu halten.

Von großer Bedeutung ist der Schutz des Fahrers bei den fast immer vorne offenen Kompaktladern, besonders beim Betrieb von Hydraulikhammer, Betonknacker oder Schrottschere. Einige Hersteller schreiben daher in den Spezifikationen vor, daß der Kompaktlader beim Betrieb derartiger Anbauausrüstungen mit Vordertür, Dach und Heckfenster ausgestattet sein muß.

Spezielle Abbruchpakete für Kompaktlader beinhalten eine ROPS/FOPS-Kabine (Roll Over Protection Standard; Fall Over Protection Standard), verstärkte Kranösen wegen des häufigen Hebens auf Hochhausdächer, einen Hecktür-Schutz gegen Einwirkung von Abbruchmaterial, Auswahl an Airboss- und anderen pannengeschützten Radsystemen sowie Abbruchschaufeln aus gehärtetem Stahl.

Daß es zukünftig wohl auch Abbruch-Spezialmaschinen in Miniformat geben wird, beweisen nicht nur die funkferngesteuerten Brokk-Abbruchroboter auf Raupen, sondern ein im Jahre 2006 vorgestellter Minibagger mit Long-Front-Ausleger.

Eigentlich klingt es ja etwas widersprüchlich, eine Minimaschine mit einem Long-Front-Arm zu kombinieren. Doch hat das durchaus seinen Sinn, denn in Japan werden derartige Maschinen schon seit einigen Jahren in Gebäudeinnern erfolgreich eingesetzt.

Von der italienischen Firma PMI wurde ein koreanischer Doosan-Minibagger mit einem zweiteiligen Spezialausleger für 7,1 m Reichhöhe ausgerüstet. Der Ausleger kann bis zu 300 kg wiegende Anbauwerkzeuge tragen. Das Raupenfahrwerk des so ausgestattet 3,9 t schweren Minibaggers ist hydraulisch teleskopierbar, um ausreichende Standsicherheit zu gewährleisten. Die erste Maschine wurde bereits von einem italienischen Abbruchunternehmen gekauft.

Wer sagt denn, daß die Kleinen kaum etwas schaffen ... ? Ein Kompaktlader von Caterpillar zeigt, wie auch die Zwerge unter den Bau- und Abbruchmaschinen durchaus effektiv mit kräftigen Werkzeugen arbeiten können. Die Schrottschere am Schnellwechsler scheut auch keine Stahlträger

Waren die beiden Hochhäuser im Hamburger Stadtteil Mundsburg zu hoch, oder warum wurden bei einem die oberen vier Etagen und bei dem anderen sogar die auf dem Dach befindliche Tennishalle entfernt? Nein, die Gebäude wurden wieder aufgestockt, und zwar mit einem großen Kinocenter und höher als zuvor. Wie aber konnten die Tennishalle, die vier Etagen, ein Schwimmbad und eine Verbindungs-Fußgängerbrücke trotz der Höhe schnell und sicher entfernt werden?

Nur durch den gekonnten Einsatz zahlreicher Kleinmaschinen war ein solches Vorhaben zu bewerkstelligen. Auf und in den Etagen der Mundsburger Hochhäuser arbeiteten zwei Mecalac-Vielzweckmaschinen, ein Pel-Job-Minibagger und zwei wendige Zettelmeyer-Kleinlader.

In luftiger Höhe trugen der Mecalac 11 CXi und 14 MXT Etage um Etage ab, wobei die besondere Bauweise mit knickgelenktem Unterwagen samt Abstützungen, minimalem Schwenkradius sowie spezieller Auslegerkinematik wertvolle Dienste leistete

Der 8 t wiegende Mecalac 11 CXi und der größere, 13 t schwere 14 MXT erbrachten aufgrund ihrer besonderen Bauweise mit Schnellwechsler und Löffel, Schaufel, Greifer, Hydraulikhammer oder Betonzange im Abbruch beachtliche Leistungen. Zu den Merkmalen der Maschinen gehören ein knickgelenkter, allradgetriebener Unterwagen, der geringe Schwenkradius im eigenen Hüllkreis, einzeln absenkbare Abstützungen und eine spezielle Auslegerkinematik.

Der 14 MXT trug am 8,3 m weit und 7,5 m hoch reichenden, seitlich versetzbaren Spezialausleger eine 1,4 t wiegende NPK-Betonzange für 700 mm Öffnungsweite und 70 t Brechkraft, die auch dicke Pfeiler und Säulen zerbiß. Der von beiden Mecalac kaputtgeknabberte Beton wurde anschließend in Container geladen, meist von einem 3,4-t-Kleinlader Zettelmeyer ZL 402 oder vom Mecalac 11CXi mit seinem am Schnellwechsler angebauten 0,42-m³-Tieflöffel.

Jeder dieser Container wurde von einem großen Turmdrehkran nach unten befördert und in 20 t tragende Sattelzüge abgekippt. Täglich neun bis zehn solcher Sattelzüge schafften die Abbruchspezialisten – trotz luftiger Höhe und oft äußerster Enge. Hinzu kamen täglich noch etwa fünf 10-t-Container mit recyclingfähigen Baustoffen, die ebenfalls mit dem Kran abwärts befördert wurden.

Während die oft weithin sichtbare Arbeit der beiden Mecalac und des Zettelmeyer ZL 402 oben auf dem schrumpfenden Hochhaus von vielen Passanten bestaunt wurde, waren weitere Maschinen fernab vom Licht der Öffentlichkeit fleißig. Tief unten im Keller nämlich wurden Fundamentgruben gestemmt und ausgehoben, um für das zukünftig erhöhte Hochhaus zusätzliche Stützpfeiler einbauen zu können.

Dort unten wurde ein 1,4-t-Minibagger Pel-Job EB 12.4 eingesetzt, der ohne jegliche Abgasemissionen mit Tieflöffel oder Hydraulikhammer arbeitete. Um den vielseitigen Minibagger dauerhaft und problemlos innerhalb geschlossener Räume betreiben zu können, wurde eine elektrisch mittels Kabelzuführung angetriebene Version des Pel-Job EB 12.4 eingesetzt.

Nahezu lautlos wühlte der kleine EB 12.4 im Hochhauskeller und lud Betonbruch wie auch Fundamentaushub in die 0,3-m³-Schaufel eines bereitstehenden Zettelmeyer ZL 302. Der nur 1,29 m breite und 1,9 m hohe Lader in Spezialversion ohne Kabine, aber mit klappbarem Überrollbügel, beförderte Schutt und Aushub nach draußen und schüttete ihn in Container.

Während der Mecalac 14 MXT Betonmassen zerknabberte, räumte der Mecalac 11 CXi auf der noch stehenden Etage Betonschutt in bereitstehende Container. Eine ausgefeilte Abbruchlogistik war wichtig, da kein Raum für Rampen vorhanden war und die Maschinen mit dem Hochbaukran die Etagen wechseln mußten

Mit seiner wuchtigen Betonzange, die zügig bis zu 70 cm dicke Betonpfeiler knackte, arbeitete der Mecalac 14 MXT, sicher und fest abgestützt stehend, auf engstem Raum – weniger als 2 m weiter hinter ihm ging es nur noch abwärts in die Tiefe ...

Nicht oben auf den Etagen, sondern tief unten im Keller des Hochhauses legte ein elektrisch angetriebener Pel-Job EB 12.4 mit Hydraulikhammer und Tieflöffel Fundamentlöcher für weitere Stützpfeiler an und verlud den Aushub in einen speziellen Zettelmeyer-Kleinlader ZL 302 mit klappbarem Überrollbügel

WER KNABBERT WO AM BESTEN?

Wichtige Einsatzparameter von Kleinmaschinen beim Abbruch sind neben dem Gewicht die Mobilität. Dazu gehören nicht nur der Wendekreis eines Radladers oder der Schwenk- und Arbeitsradius eines Minibaggers, sondern auch die Steigfähigkeit, möglicherweise über Treppen, und eine ausreichende „Kleinheit", damit die Abbruchmaschine durch Türen oder gar Fensteröffnungen paßt, um auch tatsächlich alle Abbruchstellen gut erreichen zu können. Hinzu kommt das Vorhandensein von Anschlagösen zum schnellen Heben der Minimaschinen auf Hochhausdächer oder abzutragende Stockwerke.

Sollen Kleinmaschinen in Innenräumen arbeiten, erweisen sich knick- oder allradgelenkte Lader häufig als zu groß, denn ihre Wendekreise würden manche Mauer sprengen. Hier bringen Kompaktlader (auch Skid-Steer-Lader genannt) ihre Trümpfe ins Spiel, weil sie dank gegenläufiger Räder auf der Stelle wenden können.

Hervorragend geklettert werden kann nicht nur mit Gummiraupen, sondern auch mit kleinen Schreitbaggern wie von Euromach, Kaiser, Kamo oder Menzi. Solche Bagger erklimmen mit ihren Kletterfüßen auch bis zu 100 Prozent steile Schutthalden oder übernehmen Abbrucharbeiten an Stellen, die für andere Baumaschinen unzugänglich sind.

Kleinmaschinen haben kleine Reichweiten und -höhen, dementsprechend dicht sitzt der Bediener an der Gefahrenquelle. Umso wichtiger ist gerade bei den Minimaschinen daher der Schutz des Menschen. Aus der unmittelbaren Gefahrenzone entfernen dürfen sich die Bediener, wenn sie in den Genuß einer Fernsteuerung kommen.

Eine Sonderstellung unter den Mini-Abbruchmaschinen nehmen die aus Schweden stammenden Brokk-Abbruchroboter ein, die in verschiedenen Größen von 360 kg bis 4,1 t Gewicht eingesetzt werden können. Die winzigen, elektrisch angetriebenen Brokks – der kleinste Typ „MiniCut" ist nur 60 cm breit und 74 cm hoch – verfügen über keinerlei Fahrerstand und werden serienmäßig mit Fernbedienung ausgeliefert. Für langanhaltende Arbeiten ist ein Bodengestell zum Aufsetzen der Fernbedienung erhältlich.

Obwohl die Brokk-Maschinen meist mit Hydraulikhammer gezeigt werden und so auch bekannt sind, lassen sich über Schnellwechsler an den baggerähnlichen Ausleger unterschiedliche Ausrüstungen wie Tieflöffel, Betonknacker, Greifklammer oder Zweischalengreifer anbauen. Lieferbar sind Versionen mit Gummi- oder Stahlraupen oder auf vier lenkbaren Rädern. Dank zwei- oder vierfacher Pratzenabstützungen stehen die Maschinen auch auf unebenem Grund sicher.

Ein schweres Problem der Kraftzwerge ist ihr Leichtgewicht: Damit auf dem Meißel des Hydraulikhammers ausreichend Druck lastet, muß sich der Bobcat-Kompaktlader vorne hochstemmen – so drückt fast die Hälfte des Ladergewichtes mit. Doch immerhin ist der Lader hier niedrig genug, denn der Ausleger eines Minibaggers würde an die Decke stoßen

Auch dieser Kompaktlader von New Holland, hier mit pannensicheren Segmentreifen von AirBoss, stemmt sich eifrig hoch, damit mehr Gewicht auf dem Meißel des Hydraulikhammers lastet. Der Fahrer muß sicher geschützt sein, sitzt er doch in unmittelbarer Nähe der umherfliegenden Betonsplitter

Oben: Kein Hochstart, sondern Stillstand: Alle Kleinmaschinen, auch dieser Avant Serie 500 mit einem finnischen Rammer-Hammer am Schnellwechsler, leiden an Untergewicht. Was bleibt übrig, als sich hochzudrücken, doch nun werden die unvermeidlichen Vibrationen des Hammers umso heftiger auf die Maschine übertragen

Rechts: Mit fest zupackender 4-in-1-Schaufel beschicken Kompaktlader auf engstem Raum Recyclinganlagen. Der mit einzelnem Hubarm arbeitende JCB Robot erlaubt den bequemen seitlichen Einstieg in die Kabine. Für Abbrucheinsätze ist der Robot mit Anfahrschutz am Heck ausgerüstet, verfügt über Scheibengitter, FOPS-Schutz der Kategorie 2 (Schutz vor herabfallenden Objekten), Schaufelzylinderschutz und pannensichere Reifen

Infernalisch genug wirken sich auch schon die Kräfte kleiner Maschinen aus. Der Bobcat-Kurzheckbagger 430 ZHS schlägt und drückt einfach mit seinem Löffel, und schon zerbricht der Carport in Stücke. Mit der Greifklammer am Löffel werden sodann Balken und größere Teile gepackt und herausgezerrt

Schon in den siebziger Jahren begannen japanische Hersteller, für die weltweit immer beliebter werdenden Minibagger spezielle Anbauwerkzeuge zu entwickeln, auch für Abbrucharbeiten. Dieser Kubota KX 41 trug einen etwas klobig wirkenden NPK-Hydraulikhammer H-08X, der nicht per Schnellwechsler, sondern direkt an den Stiel angebaut war

Namhafte Hersteller wie Caterpillar haben längst den Trend hin zu kleinen Abbruchmaschinen erkannt und entwerfen deshalb eigene Abbruchausrüstungen wie Hydraulikhämmer mit Gewichten zwischen 130 und 220 kg, hier am Schnellwechsler eines Cat-Minibaggers 301.5

Auch Schreitbagger eignen sich für Abbrucharbeiten, besonders an schwer zugänglichen Stellen. Bei dem Kaiser „Turbostar“ mit angebauter Betonzange erübrigte sich durch den ausfahrbaren Teleskopausleger das häufige Versetzen des Baggers. Der Ausleger erzielt bis zu 9,8 m Höhe und 8,1 m Reichweite

Immer häufiger arbeiten Minibagger wie dieser englische JCB 804 Plus mit kleinen, aber kräftigen Betonzangen. Dazu wird wie beim Hammerbetrieb ein leistungsfähiger zusätzlicher hydraulischer Steuerkreis benötigt. Der Kolben des Auslegerzylinders (links neben der Kabine) besitzt eigens eine Schutzvorrichtung

Miniaturausgabe: Mit nur 60 cm Breite und 380 kg Gewicht eignet sich der ferngesteuerte Brokk BK 40 bestens für Arbeiten auf engstem Raum und in Gebäuden. Der Antrieb erfolgt elektro-hydraulisch mittels Kabelzuführung

Mit hydraulischen Anbaufräsen wie der WS 15 von Terex Schaeff übernehmen Mini- und Kompaktbagger knifflige Arbeiten, wo zum Beispiel wegen Lärm oder Vibrationen nicht mit dem Hydraulikhammer gearbeitet werden kann. Der Schaeff HR 18 führte hier in Berlin mit der Fräse am Schnellwechsler komplizierte Fundament- und Sanierungsarbeiten durch

Parallel zum Aufkommen der Minibagger entwickelte Brokk in Schweden schon in den späten siebziger Jahren ferngesteuerte Abbruchroboter, hier der 1,3 t schwere BM 100, der bis zu 190 kg wiegende Werkzeuge wie einen Okada-Hydraulikhammer OKB-301 tragen konnte. Der Oberwagen drehte wie bei einem Bagger endlos um 360 Grad

Ein großer, 3,3 t schwerer Brokk 330 bei baggerähnlichen Arbeiten mit einem Zweischalengreifer am Schnellwechsler; vier breite Abstützungen sorgen für sicheren Stand, kräftige Scheinwerfer leuchten den Innenraum und die Ausleger- und Werkzeugbewegungen aus

Um Einsatzorte auf Gebäudedächern, oft auch in luftiger Höhe auf Hochhäusern, überhaupt erreichen zu können, müssen Kleinmaschinen sogar recht häufig mit einem Auto- oder Turmdrehkran „geliftet" werden. Praktisch sind dann wie bei diesem Volvo EC25B fest angeordnete Kranösen am Fahrer-Schutzbügel

Ein kleiner Kamo-Schreitbagger auf dem Weg nach unten: An einem Autokran hängend und per Videokamera funkferngesteuert, brach der 2,8-t-Bagger in Norditalien einen 58,6 m hohen Industrieschornstein von 7 m Basisdurchmesser ab. Mit einer Betonzange knabberte er sich durch jeweils 2 m hohe, 300 mm dicke Betonringe abwärts. Nahe Bebauung und drei bis zu 30 m lange Risse im Schornstein verhinderten den Gebrauch von Sprengstoff

VOM DACH ZUM KELLER

Eigentlich klang es ganz simpel, zumindest für Fachleute: „Abbruch eines Geschäftshauses in der Innenstadt", lautete der Auftrag für die Spezialfirma Dirk Schramm. An gleicher Stelle sollte der Neubau eines modernen Bürohauses entstehen. Tatsächlich handelte es sich jedoch nicht einfach um einen Abbruch, sondern um einen besonders kniffligen Auftrag.

An das Gebäude grenzten rechts und links unmittelbar andere Geschäftshäuser an. Es kam also auf besondere Vorsicht und Genauigkeit an, um Schäden an den benachbarten Gebäuden zu vermeiden. Deshalb wurde entschieden, von oben nach unten abzubrechen, also vom Dach bis zum Keller hinab. Das Gebäude war zwar nur 9 m breit und 28 m tief, aber mit seinen fünf Etagen immerhin 25 m hoch.

Die Statik des Gebäudes erlaubte aber nur eine Deckenbelastung von höchstens 5 t. Deshalb gab es keine andere Lösung, als Kleinmaschinen einzusetzen, in diesem Fall von Bobcat, und zwar zwei Kompaktlader (Skid-Steer-Lader) und einen Kurzheckbagger 430.

Mit einem Autokran wurden der Kurzheckbagger und ein Kompaktlader auf das Dach gehievt. Mit Betriebsgewichten von 3,6 t für den Bagger und 1,3 t für den Kompaktlader blieb man knapp unter der Obergrenze von 5 t Gesamtbelastung. Der Kompaktlader 463 – kleinster Typ bei Bobcat – bewältigte eine fahrbare Nutzlast von 329 kg.

Die Holzkonstruktion der Decken ruhte in jeder Etage auf einer Trägerauflage aus Eisen. Der Kurzheckbagger, ausgerüstet mit einem kleinen Abbruch- und Sortiergreifer, nahm die Holzbalken in „Überkopfarbeit" Stück für Stück

Der winzige Bobcat 463 räumte innen auf und schuf im Erdgeschoß Platz für den ersten Container. Bei nur 1,3 t Gewicht bietet der Kompaktlader immerhin eine Kipplast von 660 kg und 329 kg fahrbare Nutzlast

Bagger, reck' dich: Noch reichte die Höhe nicht für den Schuttcontainer. Der Bobcat 430 „biß" einfach mit seinem Abbruch-Sortiergreifer den erforderlichen Freiraum aus der Fassade heraus, mußte sich aber dazu auf seinem Stützschild etwas in die Höhe stemmen

Mit dem Autokran „schwebte" der Bobcat-Kompaktbagger 430 seinem Einsatzplatz auf das Dach entgegen. Bei dem Höhenflug waren 25 m zu überwinden, so daß ein Kran mit entsprechend weit und hoch reichendem Teleskopausleger benötigt wurde

Ziel fast erreicht: Der Bobcat 430 wurde vom Kran sorgfältig durch eine präzise vorgearbeitete Öffnung auf die letzte Etage abgesenkt. Von dort aus brach der Bagger in „Überkopfarbeit" zunächst das Dach ab

von der Trägerauflage ab. Über einen vorher angelegten Abbruchschacht, der bis zum Erdgeschoss durchging, wurde das Material in bereitgestellte Container entsorgt.

Besonderer Vorteil des Kurzheckbaggers bei Arbeiten auf engem Raum: Der Oberwagen des Bobcat 430 blieb bei allen Drehbewegungen stets innerhalb der Spurbreite. So waren Maschine und Umgebung gut vor Beschädigungen und Unfällen geschützt.

Eine besondere Lösung fand sich für den Abriß der Außenwände. Nur 30 mm freie Distanz lagen zwischen der abzureißenden Wand und der Wand des Nachbargebäudes. Die Arbeit mit einem Hydraulikhammer war daher nicht möglich, weil eine mögliche Beschädigung der Nachbarwand durch Erschütterungen unbedingt vermieden werden musste. Stattdessen griff der Kurzheckbagger mit dem Abbruch- und Sortiergreifer in vielen Arbeitsspielen vorsichtig von oben hinter die Wand und zog diese nach innen.

Dank der feinfühligen Steuerung des Minibaggers und dem Geschick des Fahrers erwies sich diese Vorgehensweise als sehr vorteilhaft und effektiv. Die Außenwände der Nachbarhäuser blieben schadenlos. Sobald eine Etage mit Decke und Wänden bis auf eine kleine „Insel" abgebrochen war, wurden die beiden Minimaschinen mit einem Autokran jeweils in die nächst tiefere Etage heruntergelassen.

Den Abtransport des Bauschuttes vom Abbruchschacht in Container übernahm der zweite Bobcat-Kompaktlader 463. Seine Wendigkeit (Skid-Steer-Lader können ja auf der Stelle drehen) und Schnelligkeit konnte der Lader voll ausspielen, waren doch beachtliche Massen zu bewegen.

Insgesamt wurden bei dem Projekt 5300 m^3 umbauter Raum abgebrochen. Abtransportiert wurden 25 Container mit jeweils 35 m^3 Altholz, 300 m^3 Bauschutt in 30 Containern, außerdem Baumischabfall in zehn Containern mit jeweils 35 m^3 Inhalt. Fünf Wochen Arbeitszeit wurden für die gesamte Abbruchmaßnahme angesetzt und nicht zuletzt Dank der zuverlässigen Minimaschinen auch eingehalten.

Der Dachabbruch begann, wobei sich das Kurzheck des Kompaktbaggers bewährte. Der Oberwagen blieb beim Schwenken stets innerhalb der Spurbreite, weshalb der Fahrer hierbei nicht sonderlich aufpassen mußte und sich auf das Arbeiten mit dem Abbruchgreifer konzentrieren konnte

WELCHE AUSRÜSTUNGEN FÜR WEN?

Wie bei ihren großen Baumaschinenbrüdern hängt auch bei den Abbruchzwergen die Wahl der richtigen, bestgeeigneten Arbeitsausrüstung direkt von der Art des Trägergerätes ab: Mit einigen Ausrüstungen arbeiten Minibagger besser, mit anderen Ausrüstungen Kleinlader oder Kompaktlader. Natürlich gibt es Überschneidungen wie bei Hydraulihämmern oder Schrottscheren, die sowohl an Minibaggern als auch Kleinladern zu verwenden sind.

Neben Zweck und Aufgabe haben besonders zwei wichtige Parameter entscheidenden Einfluß auf die Wahl des Abbruchwerkzeuges: Die Standfestigkeit beziehungsweise Tragfähigkeit und die hydraulische Dauerleistung der Kleinmaschine. Bei der Ermittlung der Standfestigkeit reicht der kurze Blick ins Datenblatt oft gar nicht aus, denn nur selten werden bei der zulässigen Trag- beziehungsweise Hublast Sicherheitsfaktoren berücksichtigt, beispielsweise 75 Prozent.

Außerdem sollte auch daran gedacht werden, daß so mancher Minibagger oder Kompaktlader bei Abbrucharbeiten ziemlich wacklig steht, manchmal auch auf geneigten, bröckelnden Schutthalden. Nicht selten rutschen angesetzte Hydraulikhämmer und Betonzangen plötzlich ab, so daß die Standsicherheit der Maschine mit beträchtlichen dynamischen Kräften arg gebeutelt wird.

Wichtig ist die hydraulische Leistung, denn Hydraulikhammer oder Bohrlafette werden meist im Dauerbetrieb eingesetzt und verlangen den Pumpen wie auch der Kühlleistung eines Winzlings allerhand ab. Manche Kleinmaschinen sind bereits serienmäßig mit einem zusätzlichen, doppelt wirkenden Hydraulik-Steuerkreis versehen, um jederzeit den Anbau hydraulisch betriebener Werkzeuge zu ermöglichen. Dank spezieller „High Flow"-Versionen der Hydraulik läßt sich die Durchflußmenge einiger Minimaschinen beispielsweise von 75 l/min auf 120 oder 130 l/min erhöhen. Damit tragen die Hersteller der ständig zunehmenden Zahl hydraulischer Anbaugeräte Rechnung.

Womit sind Mini- und Kompaktbagger beim Abbruch fleißig? Neben diversen Tieflöffeln und Greifern, auch mit Gitterrost zum Absieben, häufig mit Hydraulikhammer, Betonknacker oder Schrottschere, seltener mit Bohrlafetten für Sprenglöcher. Bei vielen Ausrüstungen wie Betonknacker und Schrottschere haben sich hydraulische Schwenkwerke bewährt, damit das Werkzeug stets schnell und an optimaler Stelle angesetzt werden kann.

Von vielen Firmen sind heute auch schon diverse Abbruchwerkzeuge wie Spezialschaufeln und -löffel, Hydraulikhämmer, Abbruchzangen und Schrottscheren erhältlich. Solche Werkzeuge stammen in der Regel von Zulieferern, werden jedoch von einigen Baumaschinenherstellern auch selbst produziert.

Einige erfahrene Profis haben durchaus die Probleme und Sorgen der Minis im Auge: „Die Ausleger der Minibagger stoßen einen Seufzer der Befreiung aus", schreibt ein Hersteller, denn seine Hydraulikhämmer weisen dank Monoblock-Konstruktion ohne Spannschrauben ein bis zu 25 Prozent geringeres Gewicht auf als traditionelle

Bei Bauschuttentsorgung und -verladung erweisen sich wendige Kleinlader wie der Avant 635+ als emsige Helfer. Die Spezial-Greifklammer faßt Brocken und Materialien aller Art und kann am austeleskopierbaren Hubarm sowohl hoch und weit langen als auch hochbordige Lkw und Container beladen

Hämmer gleicher Schlagkraft. Und dadurch sollen die sowieso oft schon zappeligen Minibagger viel ruhiger stehen.

Eine von Caterpillar für Minibagger entwickelte Abbruchschere mit 360-Grad-Drehbereich und Hochdruck-Verstärkungsvorrichtung kann wahlweise mit Scher- oder Brechzähnen beziehungsweise -backen ausgestattet werden. So sind die Minibagger ohne Wechsel des Anbauwerkzeuges vielseitiger einzusetzen.

Kleine Radlader lassen sich im Abbruch vorzüglich mit der Standardschaufel nutzen – sofern sie aus einigermaßen verschleißfestem Stahl besteht. Spezielle Steinschaufeln mit Gitterrost ermöglichen das Vorabsieben feiner Fraktionen, was auch bei der Beschikkung von Recyclinganlagen für Vorteile sorgt.

Der finnische Norcar 744 ist ein Kompaktlader etwas anderer Bauart: Wie ein Skid-Steer-Lader wird er auch mit bremsenden und gegenläufigen Rädern gelenkt, doch sitzt der Fahrer wie beim konventionellen Radlader hinter dem Hubarm und ist daher bei diesem Einsatz ausreichend weit von dem Atlas Copco-Hydraulikhammer entfernt

Der italienische Hersteller PMI bietet auf der Basis eines 3,3 t wiegenden Doosan-Minibaggers SK35 aus Korea einen der ersten „Mini-Long-Front-Bagger"; immerhin werden so bis zu 7,1 m Höhe erreicht, was bei vielen Innenarbeiten ausreicht

Zum Verladen von Schuttmassen unter sehr beengten Verhältnissen arbeiten Kleinlader mit einer Seitenkippschaufel. So werden umständliche, platzfressende Rangiermanöver erspart – der Lader hat nur noch vor- und zurückzufahren. Bei antriebsgelenkten Kompaktladern mindert eine Seitenkippschaufel zudem den Reifenverschleiß ganz beträchtlich, erhöht allerdings auch das bei jedem Ladespiel zu hebende Totgewicht der aufwändiger konstruierten Schaufel.

Wahre Wunder vollbringen auf Abbruchbaustellen die sogenannten 4-in-1-Schaufeln, auch 6-in-1- oder Mehrzweckschaufeln genannt. Eine solche Schaufel schiebt, greift, planiert, gräbt, lädt, hinterfüllt, kippt dosiert ab und ist wie andere Werkzeuge meist über Schnellwechsler in Windeseile abzunehmen. Das „Krokodilgebiß" einiger Hersteller, eine Art Greifschaufel mit sechs großen, hydraulisch betätigten Greifarmen, kann Holz-, Kunststoff- oder andere Leichtgutreste fest greifen und besser als mit jeder Standardschaufel verladen.

Viele Kleinlader, besonders Kompaktlader, lassen sich auch mit Hydraulikhammer oder gar um 360 Grad drehbarer Abbruchschere einsetzen. Dabei ist allerdings nachteilig, daß der Hubarm eines Kleinladers wesentlich weniger Reichweite und -höhe erzielt als der eines ähnlich schweren Minibaggers mit vergleichbaren Maschinenabmessungen. Außerdem zwingt die begrenzte Reichweite einen Kleinlader wesentlich dichter in die Gefahrenzone als einen Minibagger.

Noch weiter reichen Minibagger, wenn sie mit einem teleskopierbaren Löffelstiel ausgerüstet sind, mit dem sich die Reichweite beispielsweise

Manche Arbeiten sind recht verzwickt: Ein Kaiser S 2 mit Teleskopausleger nagt mit einer Betonzange an der Decke einer Unterführung; der Betonschutt fällt gleich in die bereitgehaltene Schaufel eines Furukawa-Radladers

auf 4 bis fast 6 m vergrößert. Der Stiel kann jederzeit unter Last, demnach mit angebautem Hammer oder Betonknakker, ein- und ausgefahren werden. Dazu stehen die Bagger auf einem breiteren Laufwerk, das wegen des verlängerbaren Löffelstiels eine um zehn Prozent erhöhte Standsicherheit bietet.

Wenn ein Schnellwechsler für den zügigen An- und Abbau unterschiedlicher Ausrüstungen heute schon fast selbstverständlich erscheint, so müssen Abbruchunternehmen doch darauf achten, daß er einigermaßen abbruchtauglich ist. Denn Mini- und Kleinmaschinen werden nicht so wie viele ihrer großen Brüder für harte Einsatzbedingungen konzipiert, sondern mehr für den alltäglichen Durchschnittseinsatz, und dem entsprechen auch viele Schnellwechsler.

SCHUTT-TRANSPORT IM WOHNZIMMER

Schuttmassen lassen sich aus dem Gebäudeinnern nicht nur mit Schuttrutschen oder Krankübeln abtransportieren, sondern oft besser mit kleinen, kompakt gebauten Raupendumpern. Mit ihren griffigen Gummiketten klettern Raupendumper leer und beladen auch treppauf und treppab, und dank geringer Breite passen die Kleinsten sogar durch jede Innentür. Die Raupenketten verteilen das Gesamtgewicht ausreichend, damit die Zwischendecken nicht allzu sehr ächzen.

Bei einer Kirchensanierung in Dresden erklommen Kubota-Raupendumper mit ihren griffigen Gummiketten problemlos und zügig sämtliche Treppen, und dies auch mit schwerer Ladung. Der Bau von Holzrampen war dazu nicht nötig, vielmehr reichten die einfachen Treppenstufen. Von ähnlichen Einsätzen berichtet Gehl, wo Raupendumper beladen die langen Treppen aus einer zu sanierenden U-Bahn-Station hochkletterten.

Neben dem niedrigen Bodendruck darf die Kletterfähigkeit als wichtigster Vorteil der Winzlinge angesehen werden. Steigungen von 58 Prozent – das sind immerhin 30 Grad – werden von vielen Raupendumpern sogar beladen verkraftet, wobei sich der hinterher gehende Bediener manchmal etwas mulmig fühlt. Schließlich „krabbeln“ schräg über ihm mehr als eine Tonne Rampen oder Treppen hoch.

Interessant ist für Abbrucharbeiten die Wendigkeit: Durch den hydrostatischen Einzelantrieb beider Raupenketten können Raupendumper im Extremfall mit gegenläufigen Ketten auf der Stelle wenden. Auch wenn das die Ketten und Laufrollen erheblich belastet, kann dies doch kein Klein-

Bei der Sanierung einer U-Bahn-Station krabbelten Gehl-Raupendumper, beladen mit Schutt, die langen Treppen hoch, ohne daß der Bau spezieller Rampen erforderlich war. Steigungen von 58 Prozent (entspricht 30 Grad Neigung) werden von solchen Raupendumpern mühelos beladen bewältigt

Kleine Raupendumper fahren direkt in bereitstehende Container und kippen den Schutt direkt ab. Hochbordige Container werden über kurze Rampen erreicht, auch dann wird praktischerweise direkt in den Container abgeschüttet. Mit Hochkipp-Mulden kann über Container-Bordwände gekippt werden

Was wird hier abgeladen? Die in einem Container untergebrachte, 470 PS starke Antriebsstation, bestehend aus Turbodiesel und Hochdruckpumpe, für einen gerade mal 1200 kg wiegenden Abbruchroboter. Warum ein dermaßen kleiner Zwerg einen so großen Antrieb benötigt, läßt sich bei einem Blick unter die benachbarte Brücke erahnen. Dort rauscht oder besser dröhnt es infernalisch …

„Aqua" ist lateinisch und bedeutet Wasser, das englische „to cut" ist mit „schneiden" zu übersetzen, und tatsächlich schneidet hier unter einer Schutzplane ein Aqua-Cutter dank Hochdrucktechnik mit Wasserkraft von bis zu 950 bar (!) Druck schadhaften Beton von Brückenpfeilern ab. Aus Stabilitätsgründen wird nur jeweils auf 120 Grad, also einem Drittel des Pfeilerumfanges, genagt. Vor dem Abtrag des nächsten Drittels wird zur Stabilisierung erst auf den vorherigen Sektor Spritzbeton aufgebracht

Da die Hochdruckpumpen häufig ihre Einsatzorte wechseln, werden sie gerne samt Antriebsmotor in einem Container mit Standardmaßen untergebracht, der von einem Lkw mit Hakenabrollvorrichtung transportiert werden kann. Die in diesem 8 t schweren Container installierte Kamat-Pumpe lieferte bei maximal 940 bar Druck eine Wassermenge von 176 l/min. Der durchschnittliche Arbeitsdruck lag bei 700 bis 850 bar. Beim Auftreffen auf Oberflächen wird die immense kinetische Energie des Wassers in (Fräs-)Arbeit umgesetzt

Bei abgenommener Schutzplane kommt nicht nur der auf Raupen fahrende Aqua-Cutter zum Vorschein, sondern auch der angebaute Vertikalturm und die praktische Pfeiler-Ringführung der Hochdruck-Wasserdüsen, mit der runde Betonpfeiler bestens zu sanieren sind. Schnittgeschwindigkeit, 120-Grad-Winkel- und Höhenvorschub sind im Aqua-Cutter vorprogrammiert

dumper auf Rädern. Beim Wenden mit einer gebremsten, langsamlaufenden oder stillstehenden Kette und einer angetriebenen erzielen Raupendumper immer noch außerordentlich kleine Wendekreise – wichtig bei der Gebäudesanierung in engen Innenhöfen oder innerhalb von Räumen.

Praktisch sind Kleindumper mit Absetzmulden, beispielsweise bei Abbrucharbeiten im Gebäudeinnern. Der Bagger, Minibagger oder Kompaktlader füllt eine oder zwei abgestellte Wechselmulden, während der Dumper mit einer weiteren Wechselmulde gerade unterwegs ist. So gibt es keine unproduktiven Wartezeiten, weder beim Ladegerät noch beim Dumper während des Beladens. Alle Maschinen sind dabei stets in Bewegung.

Auf 3500 m² Fläche entfernte ein weitgehend automatischer Aqua-Cutter in einem Frankfurter Parkhaus rissigen Beton bis in mindestens 30 mm Tiefe, oft aber auch bis zur Freilegung der Bewehrungen. Das wegen der 950-bar-Hochdrucktechnik bei 150 l/min Durchflußmenge überall vorhandene Wasser mußte vor der Rückleitung wegen seines hohen pH-Wertes neutralisiert werden. Nur hin und wieder waren Steuermaßnahmen der Begleitmannschaft notwendig, um den Aqua-Cutter auf korrektem Kurs zu halten. Der auf Gummiketten fahrende, in seinem Arbeitsablauf programmierbare Aqua-Cutter ist ohne Düsenvorbau nur 90 cm breit und wiegt je nach Ausführung zwischen 900 und 1500 kg

Mittels Vertikalmast mit überkopf angeordneter Oszillationsdüse kann der Aqua-Cutter alternde Betondecken in bis zu 5 m Höhe abtragen, auch weitgehend bei automatischem Vortrieb. Das Hochdruck-Bestrahlen der schadhaften Schichten und Flächen erfolgt völlig rißfrei und schont die Armierung besser als andere Verfahren

Nicht unbedingt ein Abbruch, sondern eher ein Aufbruch ist das Beseitigen von Straßenoberflächen, zum Beispiel für den Graben- und Leitungsbau. Nach wie vor haben Handhämmer ihre Berechtigung, auch wie hier anstelle von Druckluft hydraulisch angetriebene. Die Hydraulik-Kraftstation Beaver von JCB wiegt 83 kg, ist anders als ein Minibagger sogar bequem im Pkw-Kombi zu transportieren und liefert eine Öldurchflußmenge von 0 bis 20 l/min

Einzelne Platten oder bereits vorgebrochene, rissige Oberflächen können mit einem Kompaktlader beseitigt werden, der beispielsweise fest zupackende Greifklammern am Schnellwechsler trägt. Solche Ausrüstungen wie hier am Cat 242B sind zu Unrecht bei deutschen Einsätzen weitgehend unbekannt

Sind größere Straßenflächen aufzubrechen, bewähren sich Minibagger mit Hydraulikhammer, hier ein 2,8 t wiegender Case Typ 28. Nicht gerne gehört wird in Innenstädten allerdings das charakteristische, metallische Klingen des Hammermeißels, weshalb oft andere Methoden gewählt werden müssen

Kraftvoller kann ein kompakter Hydraulikbagger loslegen, um Straßenbeläge zu lösen. Beim EC55B PRO von Volvo genügt bereits der Standard-Tieflöffel, um großflächig dicke Asphaltbeläge förmlich abzuschälen und so aufwändige andere Verfahren zu erübrigen

Mit viel Wucht zertrümmert der „Drop Hammer" (Fallhammer) von Bobcat harte Flächen. In der Ausrüstung wird ein 517 kg schweres Gewicht auf eine Höhe von 96 cm aufgezogen und 20 Mal pro Minute fallen gelassen. Das Werkzeug bricht schwach armierte Betonplatten bis zu 45 cm Dicke

Soll in den Asphalt nur ein schmaler Streifen für einen Leitungsgraben geschnitten werden, empfielt sich der Einsatz einer hydraulisch angetriebenen Fräse, hier eine Doppelkopffräse von Wimmer am Schnellwechsler eines Menzi-Schreitmobilbaggers A 91

ANDERE BAUMASCHINEN

ZERSTÖREN KANN JEDER

Wer von Abbrucharbeiten und den dazu benötigten Maschinen hört, bringt damit normalerweise Bagger jeder Art, also Seil- und Hydraulikbagger und welche mit überlangem Ausleger, in Verbindung. Doch damit ist das Bild keineswegs vollständig, denn bei vielen Abbruchprojekten werden allerlei andere Baumaschinen eingesetzt. Damit sind nicht die im letzten Kapitel fleißigen Mini- und Kleinmaschinen gemeint, sondern „ausgewachsene" Baumaschinen bis hin zu Muldenkippern mit fast 40 t Nutzlast und 100-t-Planierraupen mit 770 PS Motorleistung.

Natürlich stellt sich hier die Frage, wie der Begriff „Abbruchmaschine" definiert werden soll: Handelt es sich dabei nur um eine Maschine, die Gebäude und Bauwerke zerstören, „kaputtmachen" kann, oder ist das auch eine Maschine, die bei derartigen Arbeiten hilft, also unterstützend ein-

Kraftvoll kaputtmachen können auch andere Baumaschinen. Mit 17,3 t Losbrechkraft, 14,4 t Kipplast und bis zu 2,5 m³ Schaufelinhalt erbrachte die International-Laderaupe 250C „PAYloader" bei Abbrucharbeiten beeindruckende Leistungen. Die Kraft dazu lieferte ein 190 PS starker V-8-Diesel DVT-573B von International. Neben Standardschaufeln konnten auch 4-in-1-Schaufeln und Greifklammern angebaut werden

Seit vielen, vielen Jahren zeigen Radlader dank ihrer Mobilität im Abbruch ihr Können. Ende der fünfziger Jahre nahm dieser Ahlmann-Schwenklader A III Z L mit seiner speziellen Gitterrostschaufel schwungvoll Pflastersteine auf und konnte sie ohne jedes Fahrmanöver mit geschwenktem Ladearm gleich seitlich auf die Lkw-Pritsche schütten

Neben Seil- und Hydraulikbaggern können praktisch alle anderen Baumaschinen bei Abbrucharbeiten und deren Umfeld fleißig sein. Sogar Baggerlader, hier ein allradgelenkter und -getriebener Cat 444E, scheuen sich nicht, mit vollen Schaufelfüllungen Ziegelschutt zur Recyclinganlage zu bringen

Auch so können Abbruchmaschinen im extremen Teameinsatz arbeiten: Beim Abbruch eines Kraftwerk-Schornsteines sicherte ein Autokran an seinem abgespannten Teleskopmast samt langer Gittermastspitze einen Liebherr-Hydraulikbagger. Anstelle des Unterwagens erhielt der Bagger weit ausladende Standarme. Es wurden drei statt vier Arme gewählt, damit der Bagger auf der unebenen, weil mit dem Hydraulikhammer abgeknabberten Schornsteinwandung nicht kippelig, sondern statisch einigermaßen sicher stand

gesetzt wird? Lassen wir die Frage doch einfach offen und uns überraschen, welche Abbruchmaschinen – im engen wie auch weiten Sinn des Wortes – uns in diesem Kapitel begegnen werden.

Welche Voraussetzungen müssen solche Baumaschinen oder besser Abbruchmaschinen erfüllen? Das läßt sich schnell zusammenfassen: a) Sie müssen robust sein. b) Sie müssen fleißig sein und dürfen sich auch vor harten Arbeitsbedingungen nicht scheuen. c) Sie müssen sich mit geeigneten Anbauausrüstungen versehen lassen, um bestimmte Aufgaben so optimal und wirtschaftlich wie möglich ausführen zu können.

Abbruchprojekte unterscheiden sich oft erheblich voneinander. Deshalb sind sorgfältige Planungen und Arbeitsvorbereitungen das A und O eines jeden Abbrucheinsatzes. Dazu gehört aber nicht nur das reine Zerstören, sondern auch das recyclinggerechte Zerkleinern und Verteilen des Abbruchmaterials, das Abfördern und Verladen der Schuttmassen und oft auch das Beschicken einer am Einsatzort aufgestellten Recycling-Brecheranlage.

Solche Aufgaben können andere Baumaschinen in vielen Fällen wesentlich besser erledigen als Hydraulikbagger. Gefragt sind beispielsweise Mobilität auf einem weitläufigen Abbruchgelände, hoch- und weitreichende Schaufeln zum Aufhalden des Bauschuttes, schneller Transport großer Schuttmengen über Distanzen von einigen Hundert Metern oder auch das Erreichen von Arbeitshöhen, vor denen die Schar der Hydraulikbagger mit Long-Front-Auslegern klein dastehen.

Ein interessanter Mix unterschiedlicher Baumaschinen wurde bei einem umfangreichen Kasernenabbruch eingesetzt. Der Abbruch der Bose-Bergmann-Kaserne und unmittelbar daneben der Bismarck-Kaserne in Wentorf bei Hamburg galt 1997 als das größte Abbruchvorhaben Norddeutschlands. Insgesamt 700 000 m³ umbauten Raumes sollten friedlicheren Gebäuden weichen, nämlich einem neuen Wohn- und Gewerbegebiet mit Geschoßbauten, Einfamilien- und Reihenhäusern, Geschäften sowie Einrichtungen für Jugendarbeit und Freizeit.

Für die Abbrucharbeiten wurden neun Monate veranschlagt. Auf dem Gelände arbeitete sogar eine raupenmobile Recyclinganlage für 1200 t Tagesdurchsatz. Schlüsselmaschine der Abbruch-Armada war ein Volvo-Bagger EC340 der 35-t-Klasse mit 2,1-m³-Tieflöffel, der etwa 300 000 m³ Abbruchmassen zu verladen hatte. Der Bagger stammte aus einer neuen Baureihe von Volvo, basierend auf den bekanntermaßen robusten Åkerman-Baggern aus Schweden.

Ein 23-t-Lader Volvo L150C verlud mit seiner 3,8-m³-Schaufel Aushubmaterial und haldete Abbruchmaterial auf. Insgesamt 400 000 t brauchbares Mineralgemisch waren bei diesem Projekt nach dem Recycling verfügbar

Außergewöhnlich für einen Abbrucheinsatz war der Betrieb eines knickgelenkten 25-Tonners Volvo A25C, dessen Mulde der EC340 stets mit wenigen Ladespielen füllte. Da auf dem rund 60 ha großen Kasernenareal teilweise große Entfernungen zurückzulegen waren, entschied sich das Abbruchunternehmen Klaus Sperling für den schnellstmöglichen Transport der Abbruchmassen. Auf den ebenen Kasernenstraßen beschleunigte der beladen 41 t wiegende A25C auf über 50 km/h Tempo, um die Recyclinganlage zuverlässig und schnell mit Bauschutt versorgen zu können.

Ein brandneuer Volvo-Radlader L150C diente auf dem weitläufigen Areal als Mädchen für alles, beschickte die Recyclinganlage, haldete auf oder füllte die Mulde des A25C-Knicklenkers. Mit seinem patentierten TP-Hubgerüst löste der L150C auch schwerste Betonbrocken aus den Schuttbergen problemlos heraus. Die TP-Kinematik von Volvo vereint die Vorteile der Z-Kinematik wie hohe Losbrechkräfte mit denen einer Parallelkinematik. Deshalb eignete sich der Radlader bestens sowohl für dicke Brocken als auch für Aufhaldung und Beladung.

Trotz der rauhen Baggerarbeiten erzielte der Volvo-Bagger EC340 beim Beladen des Muldenkippers A25C kürzeste Ladespiele, so daß die riesigen Halden schnell schrumpften. Während der A25C zur Recyclinganlage unterwegs war, übernahm der Bagger Aufräum- und Sortierarbeiten und legte sich Schutt bereit

Wichtig bei diesem Abbruchvorhaben, das im Mittelpunkt des öffentlichen Interesses stand, war die Umweltfreundlichkeit der eingesetzten Maschinen: Volvo-Bagger, -Muldenkipper und -Radlader verfügten schon damals serienmäßig über Niederemissionsmotoren, wurden FCKW-frei produziert, mit Farben auf Wasserbasis lackiert und waren zu jener Zeit bereits zu 95 Prozent wiederverwertbar.

Oft glich das Beladen dem harten Einsatz im Steinbruch, so donnerten die großen Betonbrocken in die Mulde des Volvo A25C. Wo der 35-t-Bagger mit seinem Tieflöffel hinlangte, blieb kein Stein auf dem anderen. Die ausgewogene Konstruktion des EC 340 sorgte für sicheren Stand und souveränes Arbeiten auf den instabilen Schutthalden

Laderaupen, Radlader und Teleskopstapler

Bei der Verladung der Schuttmassen auf Lkw schneiden Radlader oft gar nicht so gut ab: Sie haben womöglich zu geringe Vorschubkräfte, um mit der Schaufel in grobstückiges Schuttmaterial eindringen zu können. Daraus resultieren recht unbefriedigende Schaufelfüllungen und daher uneffektive Ladespiele und zu lange Ladezeiten.

Nun läßt der Fahrer öfter die Räder etwas durchrutschen, weil er versucht, die Schaufel in die Schuttberge zu schieben. Doch die Reifen von Radladern, beim Abbrucheinsatz anders als im Steinbruch fast nie durch Reifenschutzketten vor Schnitten bewahrt, verschleißen jetzt auf dem scharfkantigen Abbruchschutt wegen der zu geringen Vorschubkräfte überraschend schnell.

Zu neuer Geltung kann deshalb die Laderaupe gelangen, die zügig über Schuttberge „holpert", Halden erklimmt und kraftvoll ihre Schaufel füllt. Aus diesen Gründen wurden noch vor wenigen Jahren Laderaupen gerne beim Verladen von Abbruchmaterial eingesetzt. Ihre Ketten erbringen beträchtliche Vorschubkräfte und gestatten auch das Befahren steiler und grobstückiger Bauschuttberge.

Die Fahr- und Ladewege sind bei den meisten Abbrucharbeiten kurz, so daß Laderaupen mit ihren Ladegeschwindigkeiten Radladern nicht nachstehen. Zudem können Laderaupen mit ihrem Heckaufreißer Bodenflächen, Fundamente und nicht zu feste Oberflächen wesentlich besser auflokkern oder lösen als dies mit Radladern der Fall ist.

Moderne, hydrostatisch angetriebene Laderaupen, die mit gegenläufigen Ketten sogar auf der Stelle drehen können, sind äußerst wendig, wichtig bei beengten Abbruchbaustellen in Innenstädten. Ein solches Wenden beansprucht zwar die Kettenlaufwerke sehr, nimmt aber deutlich weniger Platz ein als die langgestreckten Rangierfahrten knickgelenkter Radlader.

Früher gehörten Laderaupen auf vielen Abbruchbaustellen zum vertrauten Bild. Für Abbrucharbeiten sind Laderaupen oft besser geeignet als Radlader, bieten sie doch höhere Vorschubkräfte, schnittunempfindliche Raupenketten statt weicher Reifen und befahren auch steile Bauschutthalden

Im amerikanischen Abbruchgeschehen sind Laderaupen noch verbreiteter als bei uns. Diese mächtige Cat 983 mit spezieller, 3,5 m^3 fassender Greifschaufel erledigte die Aufräumarbeiten besser als jeder Radlader. Die 32-t-Maschine war in den frühen siebziger Jahren die größte Laderaupe der Welt

Foto: Urs Peyer

Dennoch sind Radlader natürlich schneller, damit mobiler als Laderaupen, und zählen somit bei zahllosen Abbruchprojekten zur Standardausrüstung. Allerdings werden sie nicht mehr – wie früher oft Laderaupen – zum eigentlichen Abbruch verwendet, zum Beispiel zum Eindrücken von Wänden, sondern nur noch für Verlade-, Sortier- und Umschlagarbeiten. In den meisten Fällen beschicken Radlader die Aufgabebunker von Recyclinganlagen mit Schutt und Betonbruch.

Vereinzelt bietet der Baumaschinenmarkt sogar spezielle Radlader für die Abbruch- und Recyclingbranche. Auch wenn die englische Bezeichnung des JCB 456E „Wastemaster" JCB mit 3,5 m^3 großer Schaufel eher nach „Abfallmeister", nicht aber nach „Abbruchmeister" klingt, so eignet sich dieser Radlader sowohl zur Ausführung von Abbrucharbeiten als auch für das Recycling des Abbruchmaterials. Der „Wastemaster" weist serienmäßig eine Vielzahl von Modifikationen gegen-

Kleinere Abbruchvorhaben führten Laderaupen im Alleingang durch: Die Wände dieses Industriegebäudes wurden von der Case 1450 mit der Schaufel einfach eingedrückt, anschließend wurden die Trümmer in „handliche" Größen zerteilt und von der Laderaupe auf Lkw verladen. Nun konnte das Gelände geebnet und bei Bedarf ausgeschachtet werden

Hier fühlen sich Laderaupen wohl: Munter geht's „über Stock und Stein", ohne daß wie beim Radlader Reifenschnitzer oder Schäden im Knickgelenk an Kraftübertragung und Hydraulikleitungen zu befürchten wären. Die Cat 973 arbeitet einfach „drauflos", ihr robustes Raupenfahrwerk pflügt überall durch

Foto: Urs Peyer

Planierraupen bieten Vorzüge bei schwierigen und ungewöhnlichen Einsätzen wie hier auf kontaminiertem Boden. Der mit Atemschutz versehene Bediener der Cat D4C hat in diesem Fall dank einer robusten HBC-Funkfernsteuerung deutlich bessere Übersicht, besonders an problematischen Stellen. Die Raupe kann daher präziser und effektiver arbeiten

Dank ihrer Vortriebskräfte und dynamischen Kippsicherheit scheuten sich Laderaupen früher auch nicht vor schweren Arbeiten wie diese International 175, die mit ihrer 4-in-1-Schaufel (damals auch oft „Drott-Schaufel" genannt) dicke Fundamentbrocken löste, herauszerrte und sorgsam auf Lkw legte

Eine 100-t-Planierraupe bei Abbrucharbeiten! So ungewöhnlich wie der Einsatz einer 770 PS starken Cat D11N, so ungewöhnlich ist auch das Abbruchprojekt – es handelt sich um „Big Muskie", mit 12 300 t Gewicht der größte Bagger der Welt. Der 1968 von Bucyrus-Erie gebaute Schreitbagger 4250-W blieb bis 1991 im Einsatz und wurde 1999 leider verschrottet. Zunächst legte die D11N eine bequeme Zugangsrampe in das 20 500 m^3 große Maschinenhaus von „Big Muskie" an. Dann wurde der 99,5 m lange Ausleger des insgesamt 149 m langen, 46 m breiten und 68 m hohen Giganten mit 9,8 kg Sprengstoff innerhalb von 14 Sekunden „abgesenkt". 15 Mann waren nun ein Jahr beschäftigt, um den legendären Baggerriesen in wieder einschmelzbares Alteisen zu zerlegen. Nur seine 168 m^3 fassende Schleppschaufel blieb zur Erinnerung erhalten

Nur bei kleineren Abbrucharbeiten wie beim Aufstemmen eines Hallenbodens kommen Baggerlader zum Einsatz, hier ein finnischer Lännen mit ebenfalls finnischem Rammer-Hydraulikhammer. Zu gering sind Reichweite und Tragkraft des Heckauslegers, zu begrenzt der 180-Grad-Schwenkwinkel, als daß Baggerlader vielseitig nutzbare Abbruchmaschinen wären, und zu groß die Abmaße, um Baggerlader in kleine Winkel klemmen zu können

Radlader sind ideal, um auf großen Arealen Schuttmassen zu befördern und aufzuhalden, um in schnellen Taktzeiten Recyclinganlagen beschicken zu können und um Lkw und Sattelzüge zu beladen. Dieser Hanomag 70 E arbeitete beispielsweise Anfang der neunziger Jahre in einem Berliner Recyclingwerk, wo aus Betonabbruch hochwertiges Baumaterial für den Straßenbau gewonnen wurde

Sofern Radlader ausreichend Muskeln haben und Gewicht auf die Räder bringen, genügen bereits die Vortriebs- und Losbrechkraft an der Schaufelschneide, um Autofahrer zu verwirren … Der Cat 988 demonstrierte auf einer norddeutschen Autobahnbaustelle, wie Staus schnell und effektiv verursacht werden können. Tatsächlich aber wurde hier der Verlauf der Auffahrt geändert

Manchmal werden Radlader wie dieser große O&K L 45 gerne als „Peripheriegerät" im Umfeld eines Hydraulikbaggers eingesetzt, der eine Recyclinganlage beschickt. Der Radlader liefert dem Bagger unentwegt neue Beton- und Schuttbrocken, nimmt das gebrochene Recyclinggut unter dem Austragsband der Anlage auf und haldet es auf oder verlädt es in Lkw

Rechts: Hart gefordert wird die maximal mögliche Kipplast dieses 24-t-Radladers Komatsu WA470, der bei einem Kraftwerksabbruch gesprengte Fundament-Betontrümmer der weiteren Zerkleinerung mit einem Fractum-Hammer zufördert

Unten: Keine Abbruch-, sondern eher eine Durchbruchmaschine ist hier tätig: Ein gewaltiger, 6,8 m hoher und 5,5 t schwerer Terminator GX 70 zertrümmert Konverterschlacke in einem chinesischen Stahlwerk. Durch seine infernalische Einzelschlagenergie von 60 000 J besitzt der Meißel, auf den das innerhalb der Ausrüstung hydraulisch angehobene Freifallgewicht aus über 6 m Höhe fällt, eine gewaltige Zerstörungskraft. Der Cat 980C fungiert als mobiles Trägergerät, um schnell wechselnde Arbeitsstellen anzusteuern

Zwar auch ein Hydraulikbagger, aber auch eine etwas andere Abbruchmaschine ist ein Schreitbagger mit angebautem Hydraulikhammer. Der Kaiser S2 „hängt" am Hang in einer Position, wo konventionelle Bagger nicht mehr einsetzbar wären, und erreicht auf diese Weise Abbruchstellen, vor denen andere kapitulieren müssen

über Standardradladern auf. Dazu gehören Unterboden-, Bremsleitungs- und Kabinenscheibenschutz, ein aktiver (stoppender) Rückfahralarm und ein weitmaschiger Kühler. Besondere Optionen wie Super-High-Lift-Hubgerüst und gegen Pannen resistente Heavy-Duty-Reifen sind ebenfalls erhältlich.

Eher beim Recycling als beim echten Abbruchgeschehen sind Teleskopstapler anzutreffen. Im Vergleich zu Laderaupen und Radladern können Teleskopstapler natürlich nicht als echte Lademaschinen gelten, obwohl sich bei allen Teleskopen anstelle der Staplergabel auch eine Schaufel ansetzen läßt. Aber durch ihren weit ausfahrbaren Teleskopmast können sie mehr als andere, nämlich sehr weit oder hoch langen. Somit können Teleskopstapler beispielsweise Schuttmengen sehr viel höher aufhalden als herkömmliche Radlader.

Zudem bereitet es Teleskopstaplern weniger Probleme als üblichen Radladern, hochbordige Lkw zum Beispiel mit Leichtgut wie Holzresten zu beladen. Radlader müssen dazu normalerweise einen High-Lift-Hubarm haben, Teleskopstapler fahren hingegen einfach ihren Arm mit Greifschaufel oder anderem Werkzeug aus.

Und dann können Teleskopstapler etwas, das bei den meisten Radladern nur wenig Sinn macht: Statt der Schaufel kann auch eine Hubarbeitsbühne angebaut werden. Nun wandeln sich Teleskopstapler in mobile Hubbühnen, die bei Industrieabbrüchen Demontagen und andere manuelle Arbeiten im Höhenbereich zwischen ungefähr 5 und 16 m erleichtern. Da können weder Hydraulikbagger noch Radlader mithalten.

BUNTER MASCHINENREIGEN ZERLEGT KALIBERGWERK

Mehr als 100 ha war das übertägige Betriebsgelände des ehemaligen Kalibergwerkes bei Menteroda groß. Nach der Wende wurden die völlig überalterten Bergwerksanlagen von 1991 bis 1993 abgebrochen. Das betraf ungefähr 300 000 m^3 umbauten Raum und zahlreiche Industrieanlagen. Bei den Arbeiten fielen über 25 000 t wiederverwendbarer Stahlschrott an.

Insgesamt waren neben herkömmlichen Abbrucharbeiten rund 20 Sprengungen von Schornsteinen, Kühltürmen, einem Kraftwerk und einer Filterstation unumgänglich. Bei dem gewaltigen Abbruchprojekt wurden 50 Arbeitskräfte beschäftigt. Eine beeindruckende Flotte von Baumaschinen wurde herangezogen, um viele unterschiedliche Arbeiten durchführen zu können.

Ein Weserhütte-Seilbagger SW 141 arbeitete mit Abbruchbirne und Greifer, aber auch als Raupenkran zum Herausziehen und Heben schwerer Stahlteile. Ein Zeppelin-Mobilbagger ZM 19 mit längerem Industrie-Umschlagausleger übernahm mit Mehrschalengreifer und Elektromagnet Sortier- und Verladearbeiten.

Zwei Cat-Raupenbagger 235C waren als „Mädchen für alles“ mit Schrottschere, Betonbeißer, Tieflöffel und Hydraulikhammer tätig. Ein größerer 75-t-Bagger Cat 245B zog und zerrte mit seinem Tieflöffel an Stahlstrukturen, drückte Wände und Dächer ein, schichtete Schutthalden um und war auf dem Areal einfach der Kraftprotz.

Weitere ungewöhnlichere Abbruchmaschinen hatten sich zur Flotte gesellt: Auf dem riesigen Gelände wurden die Schrott- und Schuttmassen mit drei knickgelenkten Cat-Muldenkippern D30D transportiert. Diese zweiachsigen Knicklenker bewährten sich besonders dank ihrer kurzen Bauweise

Eine Welt des Abbruchs, so weit das Auge reicht: Bei dem riesigen, für fast zwei Jahre veranschlagten Abbruchprojekt Kalibergwerk Menteroda gelangten fast alle gängigen Baumaschinenarten zum Einsatz

Hier arbeiteten die beiden Cat-Raupenbagger 235C und 245B im Team mit schwenkbarer Schrottschere und großem Tieflöffel. Der Hintergrund zeigt, daß bei dem Bergwerksabbruch mehr als eine Kleinstadt fachgerecht zu entfernen war

Vor der weitläufigen Kulisse der Bergwerksanlagen mühte sich der Cat-Radlader 966F ab, sperrige Stahlträger in die Mulde eines Cat D30D zu füllen. Beim Abbruch fielen solche Massen an, daß alle drei Muldenkipper ständig unterwegs waren

und der so möglichen Wendigkeit zwischen den herumliegenden Trägern und Trümmern.

Zum Beladen der drei 27 t tragenden Muldenkipper standen ein Cat-Radlader 966F und eine große Cat-Laderaupe 973 bereit. Die Laderaupe wurde gewählt, um einerseits hohe Vorschubkräfte beim Füllen der Schaufel zu haben und andererseits rauhes Gelände und Schutthalden schadlos befahren zu können.

Die Muldenkipper brachten nicht recyclingfähige Materialien über relativ steile Fahrwege direkt auf große Abraumhalden, die nachfolgend rekultiviert wurden. Lkw hätten diese Aufgabe nur unzureichend ausgeführt. Außerdem wurden den drei Muldenkippern schwere und teils überformatige Stahlteile aufgeschultert, um zu einem Schrott-Zwischenlager gebracht zu werden.

Gemeinsam luden der Weserhütte-Seilbagger SW 141, hier mit Greifer arbeitend, und der Zeppelin-Mobilbagger ZM 19 mit Umschlagausleger und Mehrschalengreifer Stahlschrott in einen der drei Cat-Muldenkipper D30D

Bedrohlich hoch türmten sich die Schrottberge hinter dem Cat 235C, der hier in einer wahren Sisyphusarbeit mit der Schrottschere an 1200 t Stahl knabbert. Die stammen aus den 43 500 m^3 umbauten Raum einer gesprengten Absetzanlage

Auch in schwerem Gelände erzielte die Cat-Laderaupe 973 gute Schaufelfüllungen beim Laden von Restschutt, der von den D30D-Muldenkippern ebenfalls zunächst auf die großen Abraumhalden transportiert wurde. Bei solchen Arbeiten bewähren sich Laderaupen oft besser als Radlader

UNVERZICHTBAR, ABER STANDARDMASCHINEN

Letztlich geben jedoch die meisten anderen Baumaschinen im Abruch nur „vorübergehende Gastspiele", verglichen mit der unentbehrlichen Arbeit der Hydraulikbagger, besonders derer mit Long-Front-Auslegern. Ob Radlader oder Laderaupe, ob Teleskopstapler oder Muldenkipper, all diese Maschinen werden normalerweise für Abbrucharbeiten deutlich weniger modifiziert als Bagger.

Während sich einige Hydraulikbagger zunehmend mehr in hochspezialisierte Abbruchmaschinen verwandeln, wird bei den übrigen Baumaschinen nicht selten auf die Standardversionen ohne aufwändige Veränderungen zurückgegriffen. Dennoch leisten all diese Maschinen nicht minder wichtige Arbeit bei Abbruchprojekten.

Sehr umfangreiche Projekte lassen sich ohne die hilfreiche Arbeit anderer Baumaschinen wie Radlader, Laderaupen und Muldenkipper oft kaum wirtschaftlich durchführen, und manche wären ohne große Auto- oder Turmdrehkrane überhaupt nicht möglich.

Bei unserer Reise durch die große Welt der Abbruchmaschinen haben wir alle wichtigen Maschinen näher betrachtet, so daß dieses Buch hier eigentlich enden könnte. Aber das wäre zu voreilig, denn eine überaus wichtige, doch leicht zu übersehende Maschinenart wurde bislang keinesfalls ausreichend gewertet.

Gemeint sind die unverzichtbaren Abbruchausrüstungen, die bei Gewichten bis hin zu 10, 20 oder gar 25 t und einer äußerst komplexen Technik ohne weiteres als eigenständige Maschinengattung gelten könnten – wenn sie nicht ein Trägergerät benötigen würden. Wenden wir den Blick also von den spektakulären Großmaschinen hin zu ausgeklügelten Abbruchwerkzeugen, die oft in großen Höhen und kaum beachtet, weil fernab der Zuschauer, ihre zerstörende Arbeit leisten.

Welche andere Maschine könnte bei Abbrucharbeiten so schön und platzsparend aufhalden? Der LM 1445 von New Holland veranschaulicht, wie Teleskopstapler mit einer Schaufel anstelle des Gabelträgers am Schnellwechsler Umschlag-, Halden- und Verladearbeiten durchführen können. Der Teleskopmast ist hier nicht einmal vollständig ausgefahren

Auch im Schrott- und Altmetallumschlag bewähren sich Teleskopstapler wie dieser große Manitou, der eine spezielle hydraulische Dreh- und Kippvorrichtung für Schrottcontainer am Teleskopmast trägt. So kann der Schrott weit von der Maschine entfernt abgekippt und hoch, also platzsparend, aufgehaldet werden

Der Sennebogen 305, ein Teleskopstapler spezieller Art, wurde eigens für Umschlagarbeiten entwickelt und besitzt eine hydraulisch hochfahrbare Kabine, damit der Fahrer unter allen Bedingungen optimale Sicht auf Schaufel, Lkw-Ladeflächen und Aufgabetrichter hat. Dieser 305 wird mit Leichtgut-Greifschaufel im Schuttrecycling verwendet

Ist das eine Abbruch- oder eher eine Hilfsmaschine? Beim Abbruch der berühmten (ehemaligen Flugwerft-) Halle 401 auf Sylt, wo Konzerte namhafter Rock- und Popstars wie Nena, Modern Talking oder auch den Toten Hosen erklangen, mußten die asbesthaltigen Seitenverkleidungen der Hallenfronten mühselig von Arbeitern mit Atemmasken und Schutzanzügen auf der Bühne eines Scherenliftes entfernt werden. Wegen der Hallengröße von 110 m Länge, 40 m Breite und 14 m Höhe war das auf Hunderten von Quadratmetern Fläche erforderlich

Selten ist der „Abbrucheinsatz" von Walzenzügen: Bei der Sanierung der Rollbahn auf dem Flughafen Altenburg-Nobitz zwischen Leipzig und Chemnitz brachen zwei Bomag BW 226 DI-4 BVC mit speziellen Polygon-Bandagen den 450 mm starken Betonbelag. Allerdings führten die heftigen Schläge und Erschütterungen zu Belastungen, für die derartige Walzenzüge trotz ihrer robusten Bauweise nicht ausgelegt sind. Bagger räumten den Betonaufbruch anschließend ab

Vergleichsweise selten werden im Abbruch größere Muldenkipper eingesetzt, denn entweder wird der Bauschutt an Ort und Stelle recycelt und auf Lkw oder Bahn verladen, oder der Schutt gelangt gleich auf Lkw. Muldenkipper wie dieser 36 t ladende, knickgelenkte Cat D40D werden nur gebraucht, sofern große Schuttmassen über Distanzen von einigen Hundert Meter zu befördern sind

Beim Abbruch des alten Berliner Ostbahnhofs waren 2004 insgesamt 120 000 t Recyclingmaterial zu bewältigen, davon rund 40 000 m³ Betonfundamente, die wegen der Betongüte der Stärke B75 gesprengt werden mußten. Mit dem Abtransport der Betontrümmer beschäftigten sich ein Cat 330C und mehrere Cat-Muldenkipper 725 für 22 t Nutzlast

Durch eine Verpuffung eines Gasgemisches wurde 2004 ein hoher Schornstein in Karlsruhe in der Mitte abgesprengt. Der untere, 75 m hohe Teil stand seither als Industrieruine im Werksgelände und konnte natürlich nicht gesprengt werden. Die einzige Lösung bestand darin, an einen schweren Raupenkran eine Abbruchzange zu hängen. Da nur vertikal nach unten gearbeitet werden konnte, wurde ein Gebiss gefordert, das an drei Seiten schneiden konnte. Anders wäre der 60 cm starke, längs und quer bewehrte Betonmantel des Schornsteins nicht zu bearbeiten gewesen. Das U-förmige Universalgebiss der Topcut 800 U von Wimmer entsprach genau den Anforderungen. So konnten in nur einer Arbeitswoche die oberen 26 m der Ruine abgetragen werden

Wenn ein Seilbagger als Abbruchmaschine gelten darf, weil an seinem Seil ein Abbruchwerkzeug wie eine Fallbirne oder ein Greifer hängt, dann dürfen auch einige wenige Turmdrehkrane getrost als Abbruchmaschinen bezeichnet werden. Ihr ganz spezieller Vorteil ist die Höhe, von der das Seil herunterhängt. Und obwohl Turmdrehkrane auf ihren filigranen Gittertürmen stets etwas zerbrechlich wirken, überzeugen sie doch bei komplexen Abbrucharbeiten mit unvergleichlichen Leistungen.

Ein ungewöhnliches Projekt, wo der Einsatz eines Turmkranes als einzig praktikable Lösung übrig blieb, war 1993 der Teilabbruch eines 30 m hohen Kühlturmes mit

Um mit der hängenden 3,8-t-Betonzange den 30 m hohen Kühlturm zügig und schonend abbrechen zu können, wurde der Turmdrehkran auf 36 m Hakenhöhe und 40 m Ausladung aufgerüstet. In sicherer Entfernung von den Arbeiten hatte der Kranführer so optimale Einsicht in den Abbruchbereich und konnte die fernbediente Betonzange schnell und präzise ansetzen. Die an der Hakenflasche hängende Zange mit 1000 mm Maulweite zerkleinerte 300 bis 400 mm dicke Betonwände und wurde von einer Schlauchzuleitung mit 300 bar Öldruck vom Boden aus versorgt

32 m Durchmesser beim VEBA-Kraftwerk Ruhr in Castrop-Rauxel. Wie konnte ein so hohes Bauwerk schnell, sicher und wirtschaftlich abgebrochen werden, wenn jedoch untere Bauwerksteile unbeschädigt erhalten bleiben sollten?

Hydraulikbagger mit Betonzangen erreichten damals keine 30 m Arbeitshöhe, ein Seilbagger mit Abbruchbirne war hier nicht ratsam, weil zu große herabfallende Brocken Beschädigungen verursacht hätten. Und der mühsame Abbruch mit aufgebauten Gerüsten und Drucklufthämmern in Handarbeit hätte lange gedauert, wäre personal- und arbeitsintensiv und entsprechend teuer geworden.

Deshalb wurde für das diffizile Abbruchprojekt eine interessante Lösung gefunden: Ein auf 36 m Hakenhöhe und 40 m Ausladung aufgerüsteter Zeppelin-BKT-Turmdrehkran ZBK 140 mit 8 t Höchsttraglast trug am Haken eine 3,8 t schwere Betonzange samt hydraulischer Schlauchzuleitung.

Theoretisch hätte auch ein Raupenkran, Seilbagger oder Auto-Teleskopkran die Betonzange an den Haken nehmen können, doch das war praktisch nicht reasilierbar: Der bei all diesen Kranen geneigte Ausleger hätte, um bis auf die gegenüberliegende Turmseite reichen zu können und dabei nicht an den Kühlturmrand anzuecken, bei 45 m Ausladung mindestens 115 m lang sein müssen. Oder ein solcher Kran wäre bei den Arbeiten ständig um den Kühlturm herumgefahren, was nicht nur zeitraubend, sondern hier aus räumlichen Gründen gar nicht möglich war.

Einsicht in den Abbruchbereich von oben

Der obendrehende Turmdrehkran deckte mit seinem horizontalen Katzausleger nun problemlos die gesamte Kühlturmfläche ab. Die an der Hakenflasche hängende Betonzange wurde mit der Laufkatze am Ausleger frei verfahren. Aufgrund seines hohen Nutzlastmomentes von 160 tm arbeitete der ZBK 140 auch bei vollen 40 m Ausladung mit der schweren Zange einwandfrei.

Die hängende Zange mit 1000 mm Maulweite zerkleinerte die zwischen 300 und 400 mm dicken, armierten Betonwände äußerst zügig. Sie wurde hydraulisch mit 300 bar Druck von einem separaten Aggregat vom Boden aus versorgt. Die Schlauchzuleitung wurde eigens für härteste Beanspruchungen konzipiert.

Der Kranführer des ZBK 140 bediente die Zange von seiner Kabine aus per Fernsteuerung. Durch die ausgezeichnete Sicht aus fast 40 m Höhe konnte er den gesamten Abbruchbereich wesentlich besser einsehen als dies bei Auto- oder Raupenkranen mit „Kabinen am Boden“ möglich wäre. Das wiederum erleichterte das präzise Ansetzen der Betonzange und beschleunigte die Arbeiten spürbar. Die gelösten,

Weil die hinteren von ingesamt sechzehn 35 bis 43 m hohen Speichersilos für einen Bagger mit Long-Front-Ausleger nicht erreichbar waren, mußte ein Liebherr-Turmdrehkran mit einer an der Hakenflasche hängenden hydraulischen Krupp-Betonzange eingesetzt werden

relativ kleinen Betonbrocken fielen entweder außen am Kühlturm herab oder wurden in ihrem Aufprall durch 2 m Wasserstand unten in der zu erhaltenden Tasse abgedämpft.

Die Einsatzleitung zeigte sich mit dem Verlauf der Abbrucharbeiten sehr zufrieden. Das Verfahren war ideal für den sogenannten Maßabbruch. Über Staub und herabfallendem Bauschutt „in höheren Regionen schwebend", konnte sich der Kranführer bei uneingeschränktem Überblick voll auf das hängende Beißwerkzeug konzentrieren.

Kranarbeit auch bei Schornstein und Silos

Auf ähnliche Weise wurde 2002 ein Liebherr-Turmdrehkran eingesetzt, als in Hamburg-Harburg 16 alte, zwischen 35 und 43 m hohe Speichersilos teilweise abgerissen oder auf nur 7,5 m Höhe gekürzt werden sollten. Die verbleibenden Silos wurden zu einem Industriemuseum umgebaut.

Weil die hinteren Silos auch für Long-Front-Bagger unerreichbar waren, wurde eine andere Lösung gewählt: An den Katzausleger eines Obendreherkranes wurde eine Krupp-Abbruchzange CC 2100 R gehängt. Eine spezielle Konstruktion für die sichere Aufhängung der Zange und das Zuführen von Hydraulik- und Wasserschläuchen gewährleistete einen problemlosen und sicheren Betrieb.

Das Hantieren mit der 2,74 t wiegenden Zange gestaltete sich gänzlich anders als sonst, denn hier waren drei Bediener erforderlich: Der erste Bediener saß in einem Bagger, der als Hydraulikstation am Fuß der Silos stand. Von hier aus wurden die Funktionen „Zange öffnen", „Zange schließen" und „Zange drehen" vorgenommen.

Links: Anders als bei den Kühltürmen mußte die 2,74 t schwere Krupp-Betonzange bei den Speichersilos nicht nur die Wandung, sondern auch zahlreiche Deckenstreben zerbeißen. Das erforderte zur Koordination insgesamt drei Bediener

Rechts: So bot sich dem Kranführer die Aussicht aus der Vogelperspektive auf die schon beträchtlich heruntergenagten Speichersilos. Hier ist nachzuempfinden, wie schwer es für den Kranführer war, die Abbruchzange einigermaßen exakt anzusetzen

Der zweite Bediener war der Kranführer und somit für die Funktionen „Schwenken" sowie „Auf und ab" zuständig. Ein dritter Bediener übernahm mittels ständiger Funkeinweisung die Koordination aller Funktionen. Trotz dieser komplexen Vorgehensweise machte der Abbruch nach einer kurzen Eingewöhnungsphase erstaunliche Fortschritte.

Als bei einem Fernheizwerk in Rostock ein 165 m hoher Schornstein abgebrochen werden mußte, konnte wegen der Höhe und der Windverhältnisse an der Küste zunächst kein Turmkran verwendet werden. Deshalb wurden die oberen 90 m von einer Kletterbühne aus mühsam von fünf Arbeitern mit hydraulischen Handzangen abgebrochen.

Erst dann wurde für die verbleibenden 75 m Höhe und angesichts der immer größer werdenden Wanddicken ein Wolff-Turmdrehkran aufgebaut, an dessen Katzausleger eine Krupp-Abbruchzange CC 3500 B hing. Auch hier diente ein am Boden stehender Hydraulikbagger als Kraftstation für die hydraulische Abbruchzange. Über Schlaufen wurden die Hydraulikschläuche zur Zange hochgeleitet und dort von einem Abstandshalter aus dem Schneidbereich ferngehalten. So wurde der 75 m hohe Schornsteinrest in nur drei Wochen problemlos abgetragen.

Wesentlich höher als Kühlturm und Silos war mit 165 m ein abzubrechender Schornstein in Rostock. Nachdem die oberen 90 m von fünf Arbeitern von einer Kletterbühne aus mit hydraulischen Handzangen abgebrochen waren, wurde auf einer Höhe von 75 m ein Wolff-Turmdrehkran aufgebaut und eine 3,4 t schwere Krupp-Abbruchzange angehängt. Unten rechts am Schornsteinfuß ist der Case-Hydraulikbagger 1288 zu erkennen, der als hydraulische Kraftstation für die Abbruchzange fungierte

ABBRUCHAUSRÜSTUNGEN

WO ROHE KRÄFTE SINNVOLL WALTEN

Was im Einsatz beeindrukkend aussieht und viele Schaulustige mit offenem Mund staunen läßt, verlangt viel Können und Know-How. Denn bevor Beton und Mauern brechen, gibt es vorher oft Kopfzerbrechen: Welche Ausrüstung ist zu wählen, welches Abbruchwerkzeug eignet sich besser…?

Sollte der Bagger mit Hydraulikhammer oder Betonknacker arbeiten? Welche Werkzeug- und Baggergrößen sind für das Projekt ratsam? Genügt ein Tieflöffel oder wird ein Sortiergreifer besser sein? Erzeugt der Hammer zu starke Erschütterungen, wäre eine Anbaufräse empfehlenswerter? Hält die Festigkeit des Long-Front-Auslegers dem dauerhaften Hammer- oder Fräsenbetrieb stand? Oder genügen doch die Kräfte des Betonknackers? Kann der Bagger mit dem schweren Werkzeug bei ausreichend weiter Ausladung arbeiten, damit Mensch und Maschine nicht gefährdet werden?

Viele, viele Fragen sind zu lösen, bevor ein Abbruchbagger auf spektakuläre Weise „loslegt“ und in sicherer Entfernung die Auslöser der Zuschauer-Kameras klicken. Und keineswegs sind die in der Theorie entwickelten Lösungen und Ideen immer wirklich praxistauglich. Dann müssen andere Ausrüstungen, besser passende Werkzeuge und womöglich größere, standfestere Bagger oder Bagger mit höherer Hydraulikleistung gewählt werden. Aber die sind nicht im Handumdrehen im nächsten Kaufladen zu beschaffen – neue Probleme ergeben sich, die schnellstens gelöst werden wollen…!

Die Planung von Abbrucharbeiten „hat es in sich“, verlangt großes Können und Wissen und gute Kennt-

Links: Eine Armada von Baggern mit agressiven Werkzeugen: Keines davon ist für den Erd- oder Tiefbau vorgesehen, vielmehr werden die sieben Raupenbagger mit Sieblöffeln, Abbruch-Sortiergreifern, Betonzange, Fräse und Hydraulikhammer ein umfangreiches Abbruchprojekt in Angriff nehmen
Rechts: Manche Anbauwerkzeuge sind so groß und schwer, daß sie eigentlich als eigenständige Baumaschinen gelten könnten – wenn sie nicht ein Trägergerät benötigen würden. 34 t Gewicht bringt diese größte Schrottschere der Welt, eine MSD 500 von LaBounty (in Deutschland Paal Baugeräte) auf die Waage, so viel wie ein Raupenbagger mittlerer Größe! Die Schere schneidet Stahl mit einer Scherkraft von bis zu 3356 t

Die Drei von der Baustelle: Drei Bagger zeigen im Teameinsatz, was die wichtigsten Abbruchwerkzeuge sind. Der Long-Front-Bagger trägt eine Abbruchzange, der mittlere Bagger einen Hydraulikhammer und der rechte einen Pulverisierer, sämtlich von Atlas Copco. Das schwedische Unternehmen übernahm die Sparte der Krupp-Abbruchwerkzeuge

Aufgerissene Riesenmäuler, drohende Gebisse mit mächtigen Zähnen: Säuberlich aufgereiht liegen die Abbruchwerkzeuge des niederländischen Herstellers Verachtert bei einer Produktvorstellung bereit und veranschaulichen, welche Werkzeugvielfalt beim modernen Abbruch erforderlich ist

Zum festen Bestandteil von Baumaschinenmessen gehören inzwischen auch Abbruchwerkzeuge. Der Kombizangen-Pulverisierer der Serie RP von LST verfügt über ein hochbelastbares und verschleißfestes Gebiß, auf Wunsch auch mit wechselbaren Zähnen, das das gleichzeitige Pulverisieren, Brechen und Schneiden mit nur einem Gerät ermöglicht

Wie ein Handwerker seine Werkzeuge bereitlegt, so sind die Ausrüstungen für diesen Volvo EC290 ausgebreitet: Der Abbruchausleger wurde im Lagerbock abgelegt, für Aufräum-, Lade-, Schacht- und Geländearbeiten liegen etliche Löffel, Hammer, Betonbeißer, Universalschere und andere Ausrüstungen zum Schnellwechsler-Anbau bereit

So anschaulich wirbt das schwedische Unternehmen Atlas Copco in internationalen Fachzeitschriften – man hört den Hydraulikhammer förmlich arbeiten. Der erklärende Text darunter beginnt so: „Der monotone ‚Sound' eines Hammers, der hämmert und hämmert – ohne Störungen, ohne Probleme – ist süße Musik in den Ohren von Unternehmern und Maschinenvermietern. Als wir unsere Hämmer überarbeiteten, hatten wir hauptsächlich ein Ziel: Ausfallzeiten zu minimieren."

Eindringlich, aber seltsam mutet die Werbung der italienischen Firma Indeco an: Die neuen Hydraulikhämmer der Baureihe HP (High Performance) könnten die zerstörerische Kraft eines Tornados haben – der übrigens in Hammergestalt wütet – doch bleibt zu hoffen, daß der Hydraulikhammer kontrollierter wirkt als ein Wirbelsturm …

Dies erinnert doch stark an das Gebiß eines Abbruchwerkzeuges, und genau das meint Krupp Berco Bautechnik auch mit dem freundlichen Krokodil dieser Anzeige. Tatsächlich ähnelt das Gebiß mit seinen unterschiedlich großen Zähnen und der Maullänge einem Pulverisierer

nisse der auf dem Markt erhältlichen Abbruchausrüstungen. Und deren Vielfalt ist erstaunlich groß, aber nicht groß genug: Den Abbruchspezialisten in einigen Firmen wie zum Beispiel bei der Aregger AB in der Schweiz genügt das Marktangebot nicht, weshalb sogar eigene Werkzeuge und Ausrüstungen entworfen und in der Betriebswerkstatt gebaut werden.

BUNT GEFÄCHERTE VIELFALT

Heute gelten Hydraulikbagger als die wichtigsten Abbruchmaschinen. Dies führte in den letzten Jahren zu erheblichen Veränderungen sowohl bei Baggereinsätzen als auch -ausrüstungen. Besonders bei Abbrucharbeiten sind die Arbeitswerkzeuge das A und O. Jedoch werden die Qualität und Konstruktion der Arbeitsausrüstung gegenüber dem Bagger oft vernachlässigt, obwohl gerade diese Parameter entscheidenden Einfluß auf die zu erzielenden Abbruchleistungen ausüben.

Schier unüberschaubar ist die Flut der gegenwärtig von heimischen, europäischen und internationalen Firmen angebotenen Abbruchausrüstungen wie Hydraulikhämmern, Betonknackern, -zangen und -pulverisierern, Schrottscheren und ähnlicher Werkzeuge. Wer den Markt intensiv beobachtet, zählt annähernd ein halbes Hundert Anbieter.

Daher gibt es inzwischen kaum noch jemanden, der den vollständigen Überblick über die Leistungsparameter sowie Vor- und Nachteile der einzelnen Ausrüstungen hat. Keine Marktübersicht scheint hier vollständig zu sein; oftmals werden wichtige, internationale Anbieter vergessen.

Wegen der Flut der Abbruchausrüstungen und dem begrenzten Buchumfang macht es nur wenig Sinn, zahllose Hydraulikhämmer, Betonknacker

Ähnlichkeit mit einem urweltlichen Raubtierkopf können manche Abbruchwerkzeuge nicht leugnen, und Fachleute sprechen wirklich bei den Schneidwerkzeugen von Ober- und Unterkiefer. Wohl jedes Raubtier würde sich über eine Eigenschaft der Cat-Universalzange MP20 freuen: Das Gebiß, also die Schneid- und Druckwerkzeuge, ist austauschbar, um die Zange den Abbruchbedingen anpassen zu können

Zunehmend wichtiger werden auch bei Abbruchausrüstungen Belange des Umweltschutzes. Volvo entwickelte besonders geräuscharme Hydraulikhämmer, da das monotone Schlagen des Hammermeißels bei vielen Abbruchprojekten für Beschwerden durch Anwohner sorgt und Lärmschutzauflagen die Abbrucharbeiten behindern

und Schrottscheren genauer vorzustellen. Deshalb werden die Abbruchwerkzeuge in diesem Kapitel nur ganz allgemein behandelt und einige besondere oder außergewöhnliche etwas ausführlicher vorgestellt.

HAU' ICH MIT DEM HÄMMERCHEN…

…könnten auf unzähligen Abbruchbaustellen die Fahrer von üblichen Baggern und Long-Front-Baggern den alten Schlagertext summen, denn Hydraulikhämmer zählen zu den meist verbreiteten Abbruchausrüstungen. Sie eignen sich zum Abriß schwerer Fundamente, Brückenpfeiler, Bunkerwände. Einsatzberichte der Hammerhersteller nennen Beispiele, bei denen bis zu 5 m mächtige Betonwände von Luftschutzbunkern mit Bagger und Hydraulikhammer erfolgreich zerstört wurden. Auf der anderen Seite der Größenskala bietet der Markt heute winzige Hydraulikhämmer für kleinste Baumaschinen wie für gerade mal 500 bis 900 kg wiegende Mikrobagger.

Und groß ist der Markt: Schätzungsweise 45 000 Hydraulikhämmer für den Anbau an Hydraulikbagger wurden 2007 weltweit verkauft. Nach Angaben von Henk Brouwer, dem Präsidenten der „Construction Tools Division" von Atlas Copco, wird sich diese Zahl im Jahr 2010 sogar noch auf etwa 60 000 Hydraulikhämmer steigern.

Abbrucharbeiten sollen immer umweltfreundlicher sein, doch Staub, Lärm und Vibrationen bezeugen oft das Gegenteil. Besonders entnervend für Anwohner kann das stundenlange Lärmen von Hydraulikhämmern sein. Balsam für geplagten Ohren sind daher spezielle Lärmschutzgehäuse und geräuscharme Hammerkonstruktionen.

Die zu erzielenden Lärmminderungen liegen zwischen 10 und 15 dB(A). Das menschliche Ohr empfindet eine Reduzierung um 10 dB(A) bereits als Halbierung des Lärmpegels. So kann ein schallgedämpfter Hammer bei einem maximal zulässigen Lärmpegel von 70 dB(A) in nur 40 m Entfernung arbeiten, während ein Hammer ohne Lärmschutz schon in 160 m Entfernung die festgelegte Geräuschgrenze erreicht.

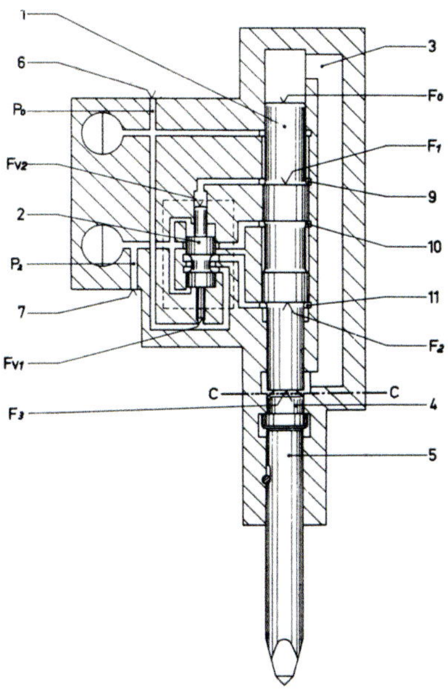

Schematischer Aufbau des Krupp-Hydraulik-Hammers HM 400. 1 Schlagkolben, 2 Steuerventil, 3 Umlaufkanal, 4 Zwischenkolben, 5 Spitzeisen, 6 Druckölanschluß, 7 Rücklaufleitung, 9 Steuernute, 10 Ringnut, 11 Ringnut, P_0 Leitungsdruck, P_2 Abgangsdruck, F_0 bis F_3 Kolbenflächen, F_{V1} u. F_{V2} Ventilkolbenflächen.

Aus den Anfängen der rasanten Geschichte der Abbruchwerkzeuge in den sechziger Jahren: „Genauer betrachtet, ist es allein unser Hydraulik-Hammer HM 400, der Ihnen 15 Mann spart. Wenn Sie Ihren Bagger mit dieser Krupp-Neuentwicklung ausrüsten. Den Baggerführer haben Sie ja ohnehin. Der Hydraulik-Hammer ist ein echtes Allround-Gerät. Er leistet beim Aufreißen, Abbrechen, Zertrümmern und Knäppern die Arbeit von 15 manuellen Drucklufthämmern."

Sogar für Seilbagger wurden ungewöhnliche Werkzeuge ersonnen: Von der belgischen Firma ETS Marcel Lambert stammt die „Hydrosphere". Dieser autarke hydraulische Nebenantrieb hing in einer Kapsel geschützt am Kran- oder Seilbaggerhaken, barg innen einen 53-PS-Dieselmotor samt 50-l-Kraftstofftank und konnte so hydraulische Werkzeuge wie diesen Mehrschalengreifer antreiben

Von Diaber aus Zürich wurde der 5,5 t schwere „Wall Cracker" (Wandknacker) für Seilbagger konstruiert. Mit der angehängten Ausrüstung, die über ein externes Aggregat mit Hydrauliköl versorgt wurde, konnten bis zu 95 cm dicke Betonwände abgebrochen werden. „Die Lösung für große Leistung und unschlagbar niedrige Abbruchkosten bei schwerarmierten Betonkonstruktionen", teilte die Firma mit

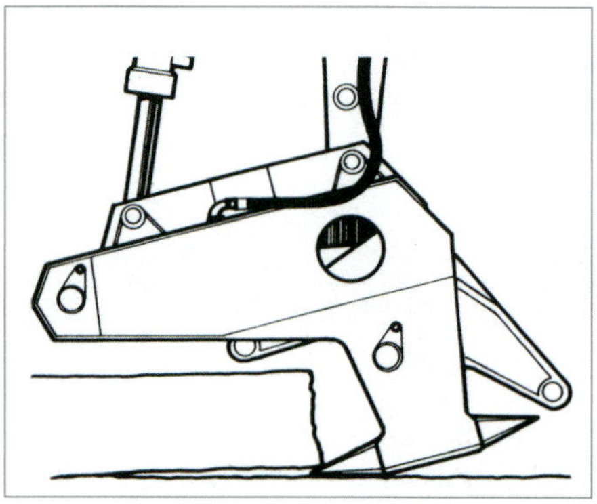

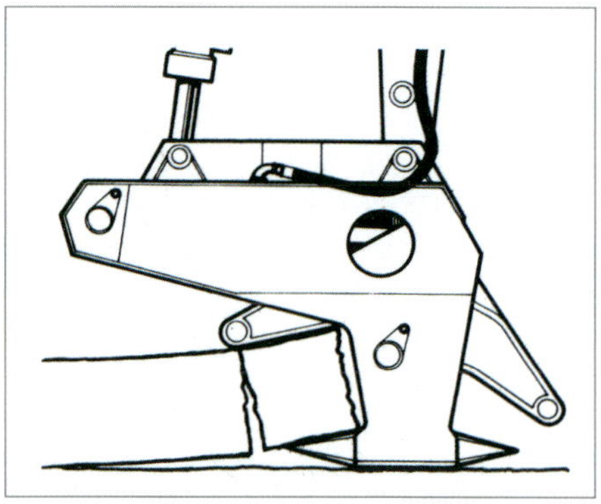

In der Frühzeit der Abbruchtechnik mit Hydraulikbaggern wurden auch allerlei Werkzeuge von den Baggerherstellern selbst entwickelt, so der Nibbler (Knabberer) von Hymac aus England. „Der Nibbler bricht Beton, indem er ihn biegt und zerbricht. Er bietet eine schnelle, leise, einfache und relativ billige Methode zum Aufbrechen von Stahlbeton bis zu 40 cm Stärke", so beschrieb Hymac das außergewöhnliche Werkzeug. Der Beton konnte entweder vor oder hinter dem Nibbler „zwischen der Wurzel des Zahns und dem Kippbalkenamboß gebrochen werden"

Die amerikanische Firma LaBounty entwickelte schon in den achtziger Jahren spezielle Abbruchwerkzeuge für Hydraulikbagger, hier der „Mobile Pulverizer", dessen Oberteil direkt von der Löffelkoppel bewegt wurde und dessen Unterteil starr am Stiel angelenkt war. Die Baureihe umfaßte fünf Modelle mit Maulweiten von 600 bis 1500 mm für Bagger von 8 bis 70 t Gewicht

Zwischen 5,5 und 12 t wogen die gewaltigen „Concrete Crusher" (Beton-Brecher) der englischen Tochter der US-Firma Dudley Shearing, hier an einem Demag H 21. Bei Maulweiten von 0,6 bis 2 m brachten die Werkzeuge einen immensen Preßdruck von maximal 2250 t auf und eigneten sich zum Anbau an Bagger mit 40 bis 75 t Gewicht. Der „Concrete Crusher" war um 105 Grad schwenkbar, damit der Bagger zum Ansetzen nicht umständlich positioniert werden mußte

Nicht gerade klein waren die Schrottscheren der amerikanischen Firma Cleaver Shears. Die 3,1 bis 4,2 m hohen Scheren wogen zwischen 3,5 und 8,5 t und wurden anstelle des Stiels direkt an den Monoblockausleger montiert. Maximal 1400 t Schnittkraft wurden erzeugt

In den späten achtziger Jahren erhielten auch Abbruchbagger ihre ersten Schnellwechsler: „Werkzeugwechsel in nur wenigen Minuten – Tieflöffel und Kombischere sind mit Schnellwechseleinrichtungen der Firma de Heuvel ausgerüstet", informierte der japanische Ausrüstungshersteller Okada dazu

Manche Baumaschinenhersteller wie Komatsu ergänzten schon in den achtziger Jahren ihr Programm um Abbruchausrüstungen, hier der ungewöhnliche „Deckenbrecher" Typ 500, ein 1,86 t wiegendes, 2,05 m hohes Werkzeug. „Das ideale Gerät zum Brechen von Fundamenten, Straßendecken, Betonplatten und Wänden", informierte der Hersteller

Die Vibra-Ram Wack GmbH gehörte zu den frühen Herstellern schwerer Abbruchwerkzeuge: „Mit dem Betonbeißer VRB 2000 D hat Vibra-Ram eine Neuentwicklung auf den Markt gebracht, die Abbrucharbeiten erheblich vereinfacht. Überall dort, wo es erschütterungsfrei oder leise zugehen muß, wird man zukünftig den Einsatz dieses Gerätes in Erwägung ziehen", war der Fachpresse 1990 zu entnehmen

In den neunziger Jahren wurden die Abbruchausrüstungen pfiffiger und praxisgerechter. Der japanische Ausrüstungshersteller NPK präsentierte den G-20M für 18- bis 24-t-Bagger, einen Betonpulverisierer mit eingebautem Permanentmagneten, der durch die Bewegung der Brechbacken aktiviert wurde und so Armierungen abtrennte

Auch das ist eine Abbruchausrüstung: Um möglichst staubfrei nahe des Operationssaales einer Klinik arbeiten zu können, erhielt dieser Volvo EC290 eine Bewässerungsanlage: Gespeist von einer Pumpe, führten zwei Wasserleitungen bis an die Spitze des Abbruchauslegers. Dort hielten zwei Düsen den Arbeitsbereich im direkten Umfeld der Abbruchzange ständig feucht, so daß so gut wie kein Staub entstehen konnte

Abbruchstiele sind zu Unrecht etwas in Vergessenheit geraten, vergrößern sie doch durch simplen Anbau an den Schnellwechsler die Reichhöhe und -weite eines Baggers oder Long-Front-Auslegers ohne großen und teuren Aufwand um mehrere Meter. Paal Baugeräte aus Erbach-Ersingen bei Ulm fertigt Abbruchstiele aller Art nach Kundenwünschen, auch mit integrierten Reißhaken

Interessant ist der Staubschutz einiger Hydraulikhämmer. Eine neben der Werkzeugführung angebrachte Wasserspritzdüse bindet und beseitigt den aufsteigenden Staub. So kann der Staub nicht in den Hammer eindringen und die Hydraulikdichtungen beschädigen. Gleichzeitig wird die Staubbelastung auf der Baustelle vermindert.

Soll mit einem Hydraulikhammer unter Wasser abgebrochen werden, so ist die Lufteinspeisung in den (ja immer wieder erneut freiwerdenden) Schlagraum des Hammers sicherzustellen. Eintretende Druckluft von 2,2 bis 2,4 bar verhindert dann, daß Wasser in das Schlagwerk eindringt, damit die einwandfreie Funktion des Hammers gewährleistet ist. Ein auf dem Baggeroberwagen angeordneter Kompressor übernimmt dabei die Drucklufterzeugung. Druckluftleitungen entlang des Auslegers führen bis zum Schlagraum des Hydraulikhammers.

FRÄSEN NAGEN KONTINUIERLICH

Immer häufiger werden anstelle von Hydraulikhämmern im Abbruch Anbaufräsen verwendet, die weniger Lärm und Vibrationen erzeugen. Daher sind Anbaufräsen für Hydraulikbagger inzwischen von vielen Herstellern erhältlich, beispielsweise Boart Longyear, Eickhoff, Erkat, LST, Genesis, Terex-Schaeff und Voest-Alpine. Allerdings können solche Anbaufräsen mit 150 kW Leistung annähernd 100000 Euro kosten, so daß ihre Anschaffung wohlüberlegt sein will.

Anbaufräsen erzielen bei sehr hohen Druckfestigkeiten von 80 bis 120 Mpa Fräsleistungen von etwa 8 bis 15 m^3/h, bei nur 20 bis 40 Mpa hingegen bis zu 40 m^3/h. Anbaugewichte von rund 1,7 bis 8 t und erforderliche Ölmengen von 200 bis 750 l/min verlangen leistungsfähige Trägergeräte. Bagger mit weniger als 30 t Gewicht eignen sich daher kaum für leistungsfähige Anbaufräsen, obwohl es auch Minifräsen für Kompaktbagger gibt.

Beispielsweise bietet die Eickhoff Maschinenfabrik aus Bochum eine Baureihe von drei Anbaufräsen mit 100, 150 und 270 kW Antriebsleistung. Größte Anbaufräse mit 1100 mm Schneidkopfdurchmesser und 1980 mm Schneidkopfbreite ist die 7,65 t schwere ETH 200. Sie ist zum Anbau an Bagger ab mindestens 60 t Gewicht bestimmt.

Die Anbaufräsen eignen sich für vielfältige Einsatzbereiche, neben dem Betonabbruch zum Beispiel auch für den Kanal- und Tunnelbau sowie für den Unterwassereinsatz bis 10 m Wassertiefe. Die Fräsen bestehen im wesentlichen aus einem Getriebeteil und einem mit Rundschaftmeißeln bestückten Querschneidkopfpaar. Der Antrieb erfolgt durch einen Hydraulikmotor, der von der Baggerhydraulik versorgt wird.

Mit speziellen Abbruchlöffeln, die wenige, aber dafür lange und robuste „Stoßzähne“ haben, kann ein Bagger bei Abbrucharbeiten besser „zuschlagen“ und zertrümmern als mit herkömmlichen Tieflöffeln. Deren Schneiden oder Zähne wirken keineswegs so „durchschlagend“

Der aus Schweden stammende „Grab John“ ist ein Tieflöffel mit 0,3 bis 1,35 m^3 Inhalt, verfügt aber an der Löffelrückwand über zwei hydraulisch bis 800 mm aufklappbare Greifklauen, die vollständig versenkt und damit geschützt angeordnet sind. Die Greifklauen sortieren und verladen Bauschutt, greifen und ziehen Balken, Träger, Rohre, Betonteile, nehmen Betonröhren waagerecht auf und schneiden mit Zubehörteilen Asphalt bis 180 mm tief

Hilfreich bei Abbrucharbeiten ist Multi-Grip von Holp aus Fornsbach für Tieflöffel der Baggerklassen 0,8 bis 20 t. Das patentierte Greifsystem ist entweder als 400 bis 1200 mm breiter Komplett-Tieflöffel oder als Anbausatz für vorhandene Löffel erhältlich. Multi-Grip besteht aus einer beweglichen Welle, an der mittels Schnellwechsler verschiedene Werkzeuge montiert werden. Die Welle wird durch einen Hubzylinder des Greifer-Drehkreises bewegt, der beim Tieflöffelbetrieb nicht genutzt wird

Oben: Die Universal-Abbruchgreifer von Caterpillar für Bagger von 17 bis 90 t Gewicht verfügen über ineinandergreifende Schalenzinken mit sehr großer Maulweite. Weil die obere Zweizinken-Greiferschale direkt vom Löffelzylinder bewegt wird, ist kein zusätzlicher Hydraulikkreis nötig. Für den rauhen Abbrucheinsatz sind die Greifer sehr robust und kraftvoll

Rechts: Fest zupacken können Abbruch- und Sortiergreifer, was hier ein Bagger von Firma Döring aus Zingst beweist. Solche endlos drehbaren Abbruch- und Sortiergreifer sind sehr beliebt, übernehmen zahllose Arbeiten und sind mit etwa 300 bis 2700 l Inhalt für Bagger zwischen 5 und 90 t Gewicht erhältlich

VIELE NAMEN FÜR BETONBEISSER

Die wohl verbreitetste Anbauausrüstung für Hydraulikbagger und Long-Front-Bagger sind Betonbeißer und -knacker. Durch die keinesfalls einheitlichen Bezeichnungen, besonders auch wegen der vielen internationalen Hersteller, ist das erstaunlich breit gefächerte Angebot der kombinierten Stahl-und Betonscheren beziehungsweise -brecher unübersichtlich. Die Anbaubeißer heißen zum Beispiel Cracker, Knacker, Cruncher, Crusher, Betonzange, Schere, Pulverisierer oder Cutter.

Mit solchen Werkzeugen sind bis zu 120 cm starke, armierte Betonwände recyclinggerecht und umweltfreundlich, weil nahezu erschütterungsfrei, abzutragen. Der Beton wird mittels sehr hoher, hydraulisch bewirkter Preßkräfte regelrecht zerbröselt, was nicht nur beim eigentlichen Abbruch, sondern auch zur Verminderung des Bauschuttvolumens vor dem Abtransport sinnvoll ist.

Die Betonknacker werden in starrer oder am Ausleger schwenkbarer

Ausführung geliefert. Viele dieser Ausrüstungen sind mit gezahnten Brechbacken versehen, einige verfügen auch über einen Abrißzahn an der oberen Brechbacke. Die gezahnten Backen dringen zuerst in den Beton ein und bewirken ein Vorbrechen, anschließend zerkleinert die volle Kraft der sich schließenden Backen den Beton, der somit feinkörnig gebrochen und von den Armierungen getrennt wird. Die Armierungen werden in ausreichend kleine Stücke zerteilt – entweder im gleichen Arbeitsgang oder später, dann aber zumeist als knäuliges Gewirr vorliegend.

Wie wirkungsvoll der Beton gebrochen und zerdrückt wird, hängt weitgehend von Konstruktion und Formgebung des Abbruchwerkzeuges ab. Ob zwei zahnbestückte Brecharme, zwei geschlossene, massive Backen oder eine Art Matrizenform mit oberer und unterer Paßfläche die besseren Resultate und Kubikmeterleistungen pro Stunde liefert, kann selten direkt miteinander verglichen werden.

Zahnbestückte Brecharme benötigen geringere Kräfte als geschlossene Flächen, bieten aber in der Regel eine inhomogenere Stückgröße der zerkleinerten Betonmengen. Wie verläßt das gebrochene Material, besonders kleine Stücke, die Maul- oder Zangenöffnung? Muß das Werkzeug dazu stets mehrmals geöffnet oder geschlossen werden? Wie leicht verheddern sich Armierungen an vorstehenden Zylindern, Lagern, Kanten oder gar Schläuchen und Leitungen? Wegen der vielen Fragen sind die sorgfältige Auswahl und intensive Beratung für den späteren Abbrucherfolg maßgeblich.

Sogenannte Kombi- oder Universalscheren vereinen sogar die Vorteile von Stahlschere und Betonknacker. Dazu sind im vorderen Maulbereich dieser Hydaulikwerkzeuge höchsten Brechkräften widerstehende Knackzähne angeordnet. Im hinteren Maulbereich befinden sich lange Wendemesser mit vier nutzbaren Schneidkanten zum Durchtrennen der Armierungen. Mit den Universalscheren kann schwerer Stahlbeton in für Recyclinganlagen geeignete Stücke zerteilt werden, die dann sauber in Betonbruch und Stahlanteil zu trennen sind.

Sind Betonknacker oder -zange über ein hydraulisches Drehwerk mit dem Ausleger verbunden, führt das zu geringeren Verdreh- und Verwindungsbelastungen des Auslegers. Ohne Drehwerk ist zwar eine kostengünstige Lösung gegeben, aber sämtliche Torsions- und Biegemomente werden voll in den Stiel, Löffelzylinder und Ausleger des Baggers eingeleitet.

Nachteilig sind die erforderliche robuste und damit vergleichsweise aufwändige Bauweise des Dreh- oder Schwenkwerks, der zusätzliche Bedarf an hydraulischer Leistung und das erhöhte Gewicht vorn am Ausleger, was sich beim Heben und Zerren unter weiten Ausladungen – besonders an Long-Front-Auslegern – negativ bemerkbar machen kann. Um auf der sicheren Seite zu sein, kann nur wegen des Drehwerks die nächstgrößere Baggerklasse gewählt werden.

GROSSE GELBE BUNKERBEISSER

Wenn 1,8 m dicke Bunkerwände von der größten Betonzange der Welt zu knacken sind, zeigt sich, zu welchen gewaltigen Leistungen Bau- oder besser Abbruchmaschinen fähig sind. Dies war 1993 der Fall, als nahe des Hauptbahnhofes von Mannheim bei Ausschachtungen für eine Tiefgarage ein 164 m langer, 12 m breiter und 6 m hoher unterirdischer Bunker im Weg stand.

Daß der Bunker entfernt werden mußte, stand außer Zweifel – nur auf welche Weise, bereitete einige Kopfschmerzen. Sprengungen oder die Verwendung schwerer Hydrau1ikhämmer schieden nach seismischen Untersuchungen aus, befanden sich doch nur wenige Meter entfernt bei der Bahn und einer Bank empfindliche Computeranlagen. Ebenso erwies sich ein anderes Verfahren mit einer Selbstfahr-Bohrlafette und hydrau1ischen Pressen schon nach kurzer Zeit als untauglich: Der hohe Bewehrungsanteil im Bunkerbeton belastete die Bohrhämmer regelmäßig stark einseitig, so daß es zu extremen Verschleißerscheinungen kam.

Deshalb wurde sich für eine effektivere Lösung entschieden: Der Bunker, immerhin etwa 12 000 m³ feste Masse, sollte mit einer gigantischen Betonzange recyclinggerecht zerbröselt werden. Dabei war zu beachten, daß Beton mit den Jahren immer besser wird. Nach 60 Jahren, also ungefähr dem Alter des Bunkers, erreicht er seine maximale Härte. Übrigens darf das nicht mit Spannbeton verwechselt werden.

Durch Sickerwasser und Bodenfeuchtigkeit hatte der Bunkerbeton hier eine Güte von etwa B 90 – das ist reichlich hart. Hinzu kam erschwerend, daß der Bunker kubisch bewehrt war, also nicht nur Außenbewehrungen hatte, sondern lückenlos durch und durch. Das erforderte bei 1,7 m Deckenstärke und 1,8 m durchgehender Wandstärke besondere Maßnahmen.

1500 t Scherkraft im Maul

Ein aufgerüstet 78 t wiegender Cat-Raupenbagger 245 B erhielt eine mächtige amerikanische LaBounty-Betonzange MB 130 R, von der es zum Zeitpunkt der Abbrucharbeiten weltweit nur fünf Stück gab. Die 12,3 t schwere Zange wurde beim Bagger anstelle des Löffelstiels montiert und konnte infolge groß dimensionierter Zylinder mit üblichen 320 bar Hydraulikdruck arbeiten.

Wenn die Betonzange ihr mit super-verschleißfestem Stahl Hardox 500 bestücktes Maul fast 2 m weit aufriß und anschließend an den Betonwänden unaufhaltsam wieder zupreßte, wirkten an der Maulspitze 450 t und im Maul sogar unglaub l iche 1500 t Scherkraft. Beim Zudrücken traten aufgrund der Zangenkonstruktion am Ausleger des Cat 245 B enorme Torsionskräfte auf.

Außerdem wurden bei dem Abbruchprojekt ein 32-t-Raupenbagger Cat 229 D mit Montabert-Hydraulikhammer, ein 23-t-Raupenbagger Cat 219 DLC mit NPK-Pulverisierer und ein 30-t-Raupenbagger Zeppelin ZR 28 mit Tieflöffel eingesetzt. Aus abbruchtechnischen Gründen arbeiteten die vier Bagger auf engstem Raum nebeneinander, diejenigen mit Betonknacker und Hydraulikhammer sogar oft fast auf Tuchfühlung. Der Meißel des Hammers lockerte dabei zunächst das Gefüge, um der Zange dann das wirksame Eindringen in den Beton zu ermöglichen.

Wenn die weltgrößte Betonzange beim Zerdrücken der 1,8 m dicken, stark bewehrten Bunkerwände ihre 1500 t Scherkraft erzeugte, zerstob und qualmte der Beton. Der aufgerüstete Cat-Bagger 245B wog mitsamt Zange 78 t

Links: Ein Montabert-Hydraulikhammer am Cat 229D (links) lockerte zuvor das Betongefüge, um der LaBounty-Betonzange am Cat 245B (rechts) das wirksame Eindringen in die äußerst harten Bunkerwände zu ermöglichen

Rechts: Unfaßbar ist die schiere Kraft, die moderne Abbruchwerkzeuge und die Hydraulik leistungsfähiger Bagger aufbringen können. Dank ausgeklügelter Mechanik werden hier immerhin Wände geknackt, die ursprünglich Bomben standhalten sollten!

SCHERENSCHNITTE FÜR STAHLTRÄGER

Wegen des hohen Stahlbedarfs weltweit, ganz besonders aber in China, Indien und Asien allgemein, wird Schrott derzeit immer wertvoller. Deshalb kommt der effektiven Stahlzerlegung bei Abbrucharbeiten, in erster Linie jedoch bei umfangreichen Industrieabbrüchen, große Bedeutung zu. Beste Werkzeuge dafür sind Stahl- oder Schrottscheren für den Baggeranbau.

Die größten bringen unglaubliche Schneidkräfte von bis zu 1200 t an der Schneidenmitte und sogar bis zu 3356 t am Scherenschnittpunkt auf. Während kleinere Scheren mit maximal 125 t Scherkraft noch an Mobilbagger anzubauen sind, verlangen die größten schwere Mining-Bagger als standfeste, leistungsfähige Trägergeräte.

Das Zerschneiden mit solchen Scheren ist schneller, umweltfreundlicher und energiesparender als das früher übliche Schneidbrennen. Behälter, die vor den Abbrucharbeiten brennbare Medien oder Chemikalien enthielten, sind dank der Scheren ohne Risiko für den Baggerfahrer und die Abbruchmannschaft zu zerlegen.

Schrott- und Stahlscheren sind sowohl in starrer als auch in um 180 Grad oder endlos schwenkbarer Ausführung erhältlich. Bei vielen Abbrucharbeiten werden schwenkbare Schrottscheren verwendet, weil andernfalls das optimale Ansetzen und Schneiden der Schere oft durch die Baggerposition behindert wird. Wegen der beim Schneiden sich überraschend und kaum berechenbar biegenden Stahlteile sind an den Hydraulikzylindern häufig Schutzabdeckungen für die Kolbenstangen des Auslegers vorhanden.

Geräuscharm und ohne starke Vibrationen können härteste Wände, Decken und Fundamente, hier bei einem Bunkerabbruch, mit Anbaufräsen wie von Eickhoff abgenagt werden. Große Fräsen verlangen aufgrund von etwa 2 bis 8 t Eigengewicht und erforderlichen Ölmengen von 200 bis 750 l/min leistungsfähige Bagger, doch gibt es auch kleinere Fräsen für Kompakt- und Minibagger

Dank sinnreicher Ausrüstungen können die Schuttmassen recyclinggerecht getrennt werden. Mit der am Bagger angebauten Siebschaufel Dasie B 34 mit 1200 mm Breite und 40er Siebraster lässt sich das Abbruchmaterial aussieben und wiederverwenden. Die auf dem Schaufelboden von einer Kurbelwelle angetriebenen Siebstangen sorgen durch Auf- und Abwärtsbewegungen mit 540 Hüben pro Minute für einen hohen Durchsatz

Der rotierende Korb des Sieblöffels RT 2500 von LST aus Herrsching für Bagger der 20- bis 30-t-Klasse wirft Material schnell aus. Der Wirkungsgrad soll im Vergleich zu Vibrationssieben oder einer herkömmlichen Gitterschaufel deutlich höher sein, so daß viel Bauschutt in kurzer Zeit zu separieren ist

Der größte Sortier- und Abbruchgreifer der Welt von der niederländischen Firma Verachtert könnte problemlos einen Pkw „wegschnappen". Der VRG 70/3 besitzt bei einer Öffnungsweite von 3,55 m und einer Schließkraft von 132 kN eine Kapazität von 2700 l. Konstruiert wurde der Greifer für Hydraulikbagger der Gewichtsklassen von 70 bis 90 t

Wie ein Ungeheuer aus grauer Vorzeit rückt der stark modifizierte Komatsu PC1000 mit seiner 20 t schweren Schrottschere MT 160 R der amerikanischen Firma Allied Gator an. Die um 360 Grad drehbare Schere erzeugt 2100 t Scherkraft, kann aber auch zu einer Betonzange mit 1,85 m Maulweite umgerüstet werden

Direkt am Monoblockausleger eines 188 t schweren Liebherr R 994 montiert, beißt sich diese 10 m hohe und 28 t wiegende Schrottschere MSD 142 von LaBounty mit ihren 3200 t Scherkraft auch durch meterhohe Stahlteile. Ihr 2,03 m langes „Maul" öffnet sich bis zu 1,63 m weit; der Hydraulikdruck beträgt 350 bar

AUF BIEGEN UND BRECHEN

Bei der Arbeit mit Betonzangen und Stahlscheren werden extreme Kräfte auf den Baggerausleger übertragen. Papierscheren für Büro und Haushalt können problemlos im offenen Schnitt arbeiten, das heißt die Schneidlinien bewegen sich aneinander vorbei, und von auftretenden Verwindungskräften ist nichts zu spüren. Anders ist die Situation jedoch beim Durchtrennen von Beton, Armierungen und Stahlträgern, wo außerordentliche Schnittkräfte nötig sind. Hier bewirkt der offene Schnitt zeitweise äußerst hohe Verwindungskräfte, die Werkzeugbefestigung, Ausleger und Lager stark beanspruchen.

Die beim offenen Schnitt erforderliche Schnittkraft ist geringer als beim geschlossenen Schnitt, der gewissermaßen mit einer Stanze zu vergleichen ist und wo daher zwei Schnittflächen vorhanden sind. Beim geschlossenen Schnitt heben sich aber die Verwindungskräfte schon innerhalb der Zange oder Schere auf, so daß der Ausleger nicht mit abnormalen Verwindungskräften beansprucht werden muß.

Bei Werkzeugen mit offenem Schnitt kann es nach längerer Betriebszeit wegen der Verwindungskräfte im Lager zum Aufhebeln und Aufweiten des Schneidenspaltes kommen – das ist vom Aufschnabeln bei Haushaltsscheren bekannt. Dann nehmen die Schnittleistung erheblich ab und die

Bei einigen Abbruchunternehmen wie der Firma Aregger aus der Schweiz werden größte Abbruchwerkzeuge in Eigenregie selbst gefertigt, hier eine voll drehbare, kombinierte Stahl-Betonschere MD 1600 von Franz Muri an einem Komatsu PC650 SE-5 mit kurzem Abbruchausleger, ebenfalls von Aregger, beim Abbruch eines zehnstöckigen Hochhauses 2006 in Basel *Foto: Matthias Josef Kraus*

Auch dieser mächtige „Crusher“ MD 2300 der Firma Aregger wurde von Franz Muri entworfen. Bemerkenswert ist der robuste Schutz der Hydraulikzylinder und das integrierte, vollständig gekapselte hydraulische Schwenkwerk. Die Form der beiden Crusher-Klauen erinnert stark an große Krebsscheren *Foto: Urs Peyer*

entstehenden Verwindungskräfte weiter zu. Deshalb verfügen Abbruchwerkzeuge mit offenem Schnitt meist nur über kurze Werkzeug- oder Schneidenlängen, damit die auftretenden Kräfte nicht allzu groß werden.

SORTIERGREIFER UND GREIFLÖFFEL

Obwohl so gut wie jeder Long-Front-Bagger oben in ferner Höhe eine Betonzange trägt, geht es auch anders. So kann der Ausleger auch mit einem drehbaren Abbruch- und Sortiergreifer arbeiten, der in der Höhe kraftvoll zupackt, Mauerreste entfernt, Träger löst und herauszieht, Bauteile greift und herunter hebt.

Derartige Greifer sind von zahlreichen Herstellern in recht unterschiedlichen Ausführungen erhältlich. Als Vorbild bei der Entwicklung diente die menschliche Hand. Die Greifer haben Schalen in verwindungssteifer Fächerausführung und eine Endlos-Drehvorrichtung. Schneiden, Boden- und Seitenbleche werden oft aus verschleißfesten Stählen wie Hardox 400 gefertigt. Bei Bedarf können manche Greifer auch mit Zähnen ausgerüstet werden.

Konventionelle Tieflöffel bieten zwar bei vielen Arbeiten im Abbruchumfeld Vorteile, reichen aber für die eigentlichen Belange der Abbrucharbeiten nicht. Das Verladen klappt, das Sortieren für das Recycling jedoch nicht. Deshalb versuchen einige Hersteller, die Tieflöffel den Anforderungen im Abbruch besser anzupassen.

Einen Speziallöffel entwickelte schon vor rund zwei Jahrzehnten die schwedische Firma Soneruds. Der „Grab John“, so heißt der mit 250 bis 1050 l Inhalt erhältliche Löffel, besitzt außen an der Löffelrückwand eingebaute, hydraulisch betätigte Halteklauen. Die vollständig versenkten und daher vor Beschädigungen geschützten Klauen stören nicht bei normalen Baggerarbeiten. Die Löffel wiegen 310 bis 1250 kg, benötigen 250 bar Öldruck und eignen sich für Bagger ab 9 bis 30 t Gewicht.

Die ausgeklappt 580 bis 800 mm weit geöffneten Greifklauen des „Grab John“ greifen und ziehen Balken, Träger, Rohre, Betonteile. Sogar eine Abbruchbirne ist mit einer Schlaufe in die Greifklauen einzuhängen oder als Zu-

Beim schweizerischen Erdbau- und Abbruchunternehmen Eberhard wurde diese gigantische Schere ME 700 konstruiert und gebaut, hier an einem 96 t wiegenden Cat 385B L (rechts der Tieflöffel des Baggers). Die Betonschere wird sogar mit vier Zylindern geöffnet und geschlossen *Foto: Urs Peyer*

behör ein Reißzahn festzuklemmen. Dank weiterer Zubehörteile sind mit „Grab John“ auch Träger und Röhren waagerecht aufzunehmen oder Asphalt 50 bis 180 mm tief zu schneiden.

WERKZEUGE, SCHWER WIE EIN SATTELZUG

Rasant reist die Menschheit in ihre ungewisse Zukunft, sogar das 21. Jahrhundert ist bald schon zu einem Zehntel verstrichen. Viele abzubrechende Gebäude und Industrieanlagen stammen nun nicht mehr aus dem 19. oder frühen 20. Jahrhundert, sondern aus den fünfziger und sechziger Jahren. Die Gebäude und Bauwerke sind höher und größer als ihre alten Vorläufer, entsprechend höher müssen die Maschinen langen. Wegen der größeren Höhen sind die „Gerippe“ der Gebäude stabiler, entsprechend größer sind die zu knackenden Querschnitte und die zu bewältigenden Abbruchmassen.

Deshalb wird der Ruf nach leistungsfähigeren Abbruchwerkzeugen zunehmend lauter. Bis jetzt arbeiten Long-Front-Bagger normalerweise „nur“ mit maximal 2,5 t wiegenden Werkzeugen am Stielende in großer Höhe. Doch dies wird sich zukünftig wohl auf 4 bis 6 t, möglicherweise sogar noch weiter steigern.

Außerdem setzen mehr und mehr Abbruchunternehmen große Mining-Bagger der Gewichtsklassen zwischen ungefähr 100 und 180 t ein, die mit speziellen Auslegern sowieso schon recht hoch langen und dank ihrer beträchtlichen Gewichtsmasse vergleichsweise sehr schwere Werkzeuge tragen können.

Um diesem Bedarf zu genügen, bringen einige Hersteller Abbruchwerkzeuge in Rekordgrößen auf den Markt. Das sind beispielsweise Abbruchgreifer für Bagger der 90-t-Klasse wie von Verachtert und der 21 t schwere Betonpulverisierer FR200 von Trevi Benne aus Italien.

Der größte Hydraulikhammer der Welt, der 11 t wiegende und 4,6 m hohe Hydraulikhammer HP 25000 des

Einer der größten Hydraulikhämmer der Welt ist der rund 10 t wiegende HB 10.000 ProCare von Atlas Copco, hier allerdings nicht bei einem Abbrucheinsatz, sondern beim Ausbau einer Bahnstrecke nahe Oslo. Dank der Einzelschlagenergie von 16 000 J war das Lösen von 71 000 m³ Gestein kein Problem

italienischen Herstellers Indeco, wurde 2007 vorgestellt und ist für Bagger der 60- bis 140-t-Klassen vorgesehen. Der Meißel dieses Hammers besitzt 250 mm Durchmesser, also mehr als die 210 mm Breite eines DIN A4-Blattes, und wirkt bei jedem Schlag mit 25 000 J Schlagenergie auf Beton oder Steine ein.

Alle Werkzeugrekorde für Bagger bricht die Schrottschere MSD 500 des amerikanischen Herstellers Stanley LaBounty (autorisierter Partner für den deutschsprachigen Raum ist Paal Baugeräte aus Erbach-Ersingen bei Ulm). Mit ihren 34 t Eigengewicht – das entspricht einem beladenen Sattelzug! – benötigt sie als Trägergeräte mächtige Mining-Bagger der 180- bis 220-t-Klassen. Das 8,8 m lange Anbauwerkzeug bringt eine kolossale Scherkraft von 3356 t auf, die Schneide klafft bis zu 1,52 m weit auf.

Zum Bewegen der Schneiden sind große Ölmengen erforderlich, doch bei den LaBounty-Scheren reduziert ein patentiertes Geschwindigkeitsventil die Zykluszeit um etwa ein Drittel. Außerdem sind die Schrottscheren der Baureihe MSD mit einem einfachen, patentierten Schmiersystem ausgestattet. Das System sorgt automatisch für eine sinnvolle Verteilung des Schmiermittels auf die verschiedenen Bereiche des Schneidarmes, der Messer, auf beide Gleitscheiben und auf die Schneidarm-Zylinder-Verbindung. Dadurch soll sich der Messerverschleiß um bis zu 50 Prozent verringern.

DURCHSCHLAGENDE KRAFT

Die weltweit größten Hammerwerkzeuge für Hydraulikbagger werden von der dänischen Firma Fractum aus Hedensted produziert. Dabei handelt es sich nicht um konventionelle Hydraulikhämmer, sondern um ganz besondere, teilweise patentrechtlich geschützte Konstruktionen namens „Stone & Steel Buster", kurz SSB genannt.

Die 10 oder sogar 14,5 t schweren Anbauhämmer erzeugen 200 000 oder gar 400 000 J Schlagenergie – das ist 16mal mehr als beim größten herkömmlichen Hydraulikhammer und 30- bis 40mal mehr als bei durchschnittlichen Hydraulikhämmern. Die „Stone & Steel Buster" eignen sich – je nach Größe des Trägergerätes und Projektumfang – zum Anbau sowohl direkt an den Monoblockausleger oder auch an den Stiel.

Klein ist er nicht gerade, der „Stone & Steel Buster". Bei der zu großen Teilen patentrechtlich geschützten Anbauausrüstung handelt es sich um den größten Schlaghammer der Welt, hier angebaut an einen Åkerman EC420 mit robustem Splitterschutz vor dem Kabinenfenster

Diese riesige Schlagenergie wird aber nicht in schneller Frequenz wie beim Hydraulikhammer, sondern mit nur etwa sieben Schlägen pro Minute aufgebracht. Das hat seinen Sinn, denn bei der Konzeption wurde gänzlich anders vorgegangen als bei den üblichen Hydraulikhämmern.

Die Idee dahinter ist ebenso genial wie einfach: Ein etwas über 4 t schweres Gewicht schlägt innerhalb einer rohrförmigen Führung im freien Fall auf den Boden oder Stein. Je nach gewählter Fallhöhe wird dabei eine Energie von 10 000 J und mehr frei bis hin zu 400 000 J. Durch die Führung des Fallgewichtes kann der Schlag anders als mit einer Fallkugel zentimetergenau ausgeführt werden. Für den Betrieb des SSB genügt sogar die Leerlaufdrehzahl des Motors, was gegenüber dem herkömmlichen Hammereinsatz den Dieselverbrauch merklich reduziert.

Langsamer, aber heftiger

Die zur Brucherzeugung von Beton oder Gestein notwendige Einschlagenergie wächst mit zunehmender Härte an, weshalb der Einschlagenergie eine größere Bedeutung zukommt als der Schlagfrequenz. Mit anderen Worten: Zum Zerkleinern von Beton oder Fels mag ein schnell schlagender Hammer mehrere hundert Schläge benötigen, während ein langsam schlagender Hammer mit sehr hoher Einzelschlagenergie schon nach wenigen Schlägen den Beton oder Stein spalten kann.

Als gutes Beispiel dafür dient die Fallkugel: Mit extrem niedriger Frequenz von etwa einem Schlag pro Minute ist sie dank ihrer äußerst hohen Einzelschlagenergie in der Lage, dicke Betondecken oder große Steine oft schon nach dem ersten Schlag zu zerkleinern.

Eine große Fläche Betonboden von 80 cm Dicke bei einem Industrieabbruch – das würde jeden Hydraulikhammer und auch Fallkugeln vor große Probleme stellen. Nicht so den „Stone & Steel Buster": Mit seinen wenigen, aber ungeheuer kraftvollen Einzelschlägen konnte er den Betonboden zertrümmern

Der „Stone & Steel Buster" brach den 80 cm dicken Beton in ausreichend kleine Stücke für das anschließende Recycling; nur wenig Nacharbeit mit einem Pulverisierer war nötig. Der gewaltige Hammer schaffte hier sehr befriedigende Kubikmeterleistungen pro Stunde

Während die Freifallkugel mit einem großen Gewicht und der relativ geringen Erdbeschleunigung arbeitet, werden beim üblichen Hydraulikhammer vergleichsweise sehr kleine Gewichte stark beschleunigt, um einigermaßen hohe Einzelschlagenergien zu erzielen. Das verlangt aber einen beachtlichen technischen Aufwand. Diese Überlegungen veranlassten die Konstrukteure von Fractum, von den üblichen Konstruktionen abweichende Hämmer zu entwickeln, wobei der Schwerpunkt auf hohe Schlagenergie und geringe Schlagzahl gesetzt wurde.

So entstand der „Stone & Steel Buster" als Hammersystem, dessen Schlagstärke bislang unübertroffen ist. Der Name weist darauf hin, daß der SSB hauptsächlich in Steinbrüchen zum Knäppern (Nachzerkleinern zu großer, ungesprengter Felsbrocken) und in Stahlwerken für die Zerkleinerung von Schlacke konstruiert wurde.

Inzwischen kamen aber auch Abbrucheinsätze hinzu. Dabei wurde der SSB natürlich nicht an Long-Front-Ausleger montiert, sondern an größere Hydraulikbagger, um mächtige Betondecken zu zerstören. Bei einem Industrieabbruch mußte ein SSB mehr als 2000 m^2 stahlarmierten Betonboden von 80 cm Dicke spalten. Dabei schaffte der Riesenhammer durchschnittlich 43 m^3 pro Stunde – eine angesichts der Betonhärte und -dicke äußerst hohe Leistung.

Der Beton war in so kleine Stücke zerteilt, daß ihn herkömmliche Bagger gut aufnehmen konnten. Zu ungefähr 80 Prozent waren Armierungen und Beton getrennt, weshalb vor dem Recycling nur wenig Nacharbeit für Pulverisierer anfiel. Ein weiterer großer Vorteil des SSB gegenüber Hydraulikhämmern ist der niedrige Geräuschpegel von nur 97 dB.

Bei einem anderen Einsatz hatte der SSB 5000 m^2 stahlarmierten Betonboden mit dichtem Armierungsnetz und 30 cm Dicke vor sich. Der Boden war ohne Schäden und daher sehr fest. Vor dem SSB wurden bereits herkömmliche Hydraulikhämmer und eine Fallguillotine probiert, ohne jedoch ausreichende Effektivität zu erzielen. Doch der SSB konnte den Beton auf die gewünschten Körnungen für das Recycling zerkleinern. Bagger entfernten den Schutt problemlos, anschließend wurden Armierungen und Beton getrennt.

Der „Stone & Steel Buster" wird nach Bestellung gefertigt und maßgeschneidert an den Baggerausleger oder -stiel und die hydraulischen Leistungen des Trägergerätes angepaßt. Da keine Vibrationen hoher Frequenz wie mit Hydraulikhämmern erzeugt werden, wird das Trägergerät weniger beansprucht. Die Bedienung soll einfach sein: Jeder Baggerfahrer kann nach Angaben von Fractum ohne weitere Schulung mit dem Zerkleinern beginnen.

Das ist die eigentliche Bestimmung des „Stone & Steel Buster": Er wurde für das Zerkleinern riesiger Knäpper in Steinbrüchen und von Schlacke in Stahlwerken konstruiert. Abbrucharbeiten erledigt er nur „nebenberuflich"

Weitere Bücher unseres Verlages

Fordern Sie unser Gesamtverzeichnis an, das wir Ihnen kostenlos und unverbindlich liefern mit Büchern über Autos, Motorräder, Lastwagen, Traktoren, Feuerwehrfahrzeuge, Baumaschinen und Lokomotiven:

Verlag Podszun Motorbücher GmbH
Elisabethstraße 23–25, 59929 Brilon
Telefon 02961-53213, Fax 02961-9639900
Email info@podszun-verlag.de
www.podszun-verlag.de

Die weit zurückreichende Geschichte von Magirus wird in diesem Buch anhand aller Lastwagentypen porträtiert.

256 Seiten, 710 Abbildungen
28 x 22 cm, fester Einband
Bestellnummer 388 EUR 44,90

Aufstieg und Fall der berühmten Marke mit sämtlichen Lastwagentypen, allen Daten und Maßzeichnungen.

240 Seiten, 680 Abbildungen
28 x 22 cm, fester Einband
Bestellnummer 157 EUR 44,90

Die Geschichte von Büssing von den Anfängen 1903 bis zur Übernahme von MAN. Mit allen Modellreihen.

240 Seiten, 770 Abbildungen
28 x 22 cm, fester Einband
Bestellnummer 119 EUR 39,90

Vom ersten Hochlöffelbagger auf Schienen bis zu den außergewöhnlichsten Hydraulikbaggern der neueren Zeit.

176 Seiten, 415 Abbildungen
28 x 21 cm, fester Einband
978-3-86133-350-0 EUR 29,90

Umfangreiche Dokumentation aller Demag-Bagger mit vielen unveröffentlichten Bildern und den relevanten techn. Daten.

144 Seiten, 290 Abbildungen
28 x 21 cm, fester Einband
978-3-86133-291-6 EUR 19,90

Die Seilbagger der legendären Marke O&K mit Bildern, Daten und Tabellen anhand von 32 Original-Prospekten.

144 Seiten, viele Abbildungen
29 x 21 cm, fester Einband
978-3-86133-273-2 EUR 19,90

Die Hydraulikbagger der legendären Marke O&K mit Bildern, Daten und Tabellen anhand von 35 Original-Prospekten.

144 Seiten, viele Abbildungen
29 x 21 cm, fester Einband
978-3-86133-286-2 EUR 19,90

Die große O&K-Chronik mit allen Baumaschinen, Traktoren und Lokomotiven. Bildband und Nachschlagewerk.

278 Seiten, 698 Abbildungen
28 x 21 cm, fester Einband
978-3-86133-281-7 EUR 39,90

Spannende Fotos von Auto- und Raupenkranen der populären Marke Liebherr bei spektakulären Einsätzen.

170 Seiten, 420 Abbildungen
28 x 21 cm, fester Einband
Bestellnummer 495 EUR 29,90

Gottwald-Historie, Dampfwinden, Rammen, stationäre und nichtstationäre Krane, Bagger, Eisenbahn-, Fahrzeug- und Gittermastkrane.

357 Seiten, 1415 Abbildungen
28 x 21 cm, fester Einband
Bestellnummer 421 EUR 49,90

Band 2: Hydrogeräte, Teleskopkrane, Sondergeräte, Spezialfahrzeuge, Gelände- und Feuerwehrkrane.

357 Seiten, 940 Abbildungen
28 x 21 cm, fester Einband
Bestellnummer 422 EUR 49,90

Dokumentation der traditionsreichen Geschichte dieser drei legendären Marken, die viele Jahre unter einem Dach waren.

165 Seiten, 355 Abbildungen
28 x 21 cm, fester Einband
978-3-86133-330-2 EUR 29,90

Die faszinierende Welt der Bagger, Radlader, Bulldozer, Muldenkipper und anderer Maschinen im Einsatz.

144 Seiten, 370 Abbildungen
28 x 21 cm, fester Einband
978-3-86133-221-3 EUR 19,90